U0323399

孩子学安全的
第一本书

郭芳茹◎编著

中国华侨出版社

图书在版编目(CIP)数据

孩子学安全的第一本书 / 郭芳茹编著.—北京：

中国华侨出版社,2012.7 （2021.2重印）

（"小橘灯"亲子学堂丛书）

ISBN 978-7-5113-2695-9

Ⅰ.①孩… Ⅱ.①郭… Ⅲ.①安全教育–儿童读物

Ⅳ.①X956-49

中国版本图书馆 CIP 数据核字(2012)第166960 号

孩子学安全的第一本书——"小橘灯"亲子学堂丛书

编　　著 / 郭芳茹

责任编辑 / 尹　影

责任校对 / 孙　丽

经　　销 / 新华书店

开　　本 / 787×1092毫米　1/16 开　印张/16　字数/250 千字

印　　刷 / 三河市嵩川印刷有限公司

版　　次 / 2012年10月第1版　2021年2月第2次印刷

书　　号 / ISBN 978-7-5113-2695-9

定　　价 / 38.00 元

中国华侨出版社　北京市朝阳区静安里 26 号通成达大厦 3 层　邮编:100028

法律顾问:陈鹰律师事务所

编辑部:(010)64443056　　64443979

发行部:(010)64443051　　传真:(010)64439708

网址:www.oveaschin.com

E-mail:oveaschin@sina.com

前　言

　　每个生命在童年时代都有着共同的特征：他们像雨后阳光下的幼苗一样成长迅速却远未完善，他们像初生的牛犊一样什么都不怕却缺乏自我保护意识，他们像一块白板一样可塑性强却知识匮乏……那么，面对着集众多"矛盾"于一体的孩子们，作为家长的你是否会不知所措呢？孩子一旦遇到紧急情况怎么办？贪玩爱闹出了危险怎么办？不懂得保护自己怎么办……

　　虽然担心不无必要，但是，如果我们能及时地教给孩子一些安全知识，那么他们的童年生活就不会危险重重，他们天使一般的心灵也不会荫翳重重。

　　或许有的家长会说，整体环境是好的，大多数孩子都是安全的，那些发生危险的小概率事件不会发生在自己头上。

　　在此，我们要说，如果你对此持有不以为然的心态，认为在自己的周围绝对不可能发生，那么你和一个真正负责任的家长相比尚有距离。事实上，那些已经遭遇不幸的人或许和现在的你一样，在遇到危险之前，心中也怀着这样的想法：这种事情应该不会降临到我的孩子身上。

　　然而，令人遗憾的是，"危险"这个古怪的家伙是不会分辨你和我的，也不会因为你心肠好，它就离你远去。因此说来，往往不幸的遭遇更容易发生在那些不以为然的人身上。

　　大多数人在事发之后才会抱怨"为什么是我？"或者深深地自责"我为什

么要那样?如果不那样岂不就……"可是对于现实情况而言,除了给我们带来伤感之外,又会有什么帮助呢?

事实上,无论是谁,都可能因为粗枝大叶、马马虎虎而碰上漏电的电器,或者掉进正在整修的排水沟里;也会因为一不留神,被从来不太在意的招牌给砸到,或者被疾驰的车辆给撞倒,因而使身体受到致命的伤害;也会因为防范意识不强而被坏人欺骗和利用……由此可见,危险时时刻刻都在我们的身边,我们的孩子随时都要提高警觉。

中国有句成语叫"亡羊补牢",但是,如果孩子的身心受到无端的伤害,就会很难再恢复原来的样子,因此,只有事先做好准备,才是最好的预防方法。

严格来说,孩子的任何意外损伤都是可以预防并且不应该发生的,导致危险出现的罪魁祸首就是疏忽大意。

因此,为了让孩子们拥有一个更加美好快乐的童年,为了使孩子们能够为将来的成才、成功奠定良好的身心基础,也为了家长们能在孩子的安全教育方面有的放矢、有章可循,我们特别编写了这本《孩子学安全的第一本书》。书中的内容通俗易懂,大量翔实的安全教育事例涵盖着孩子们生活的方方面面。作为本书编者,我们衷心地希望家长能通过阅读本书掌握一些对孩子进行安全教育的知识,为您的孩子健康、快乐地成长提供助益。

目 录

第一章

居家安全

不要忽略家庭中潜伏着的安全隐患

一个孩子若能够在安全的生活环境里成长,那么这将是他童年快乐的基础,也是他一生幸福的起始。如果孩子的生活环境存在安全隐患和其他不安全的因素,那么这些东西就会像一个定时炸弹,随时都会给孩子带来伤害,给家庭的幸福蒙上阴影。不可否认,任何一个父母都会尽己所能地为孩子无私奉献,可是你是否注意到了孩子生活环境的安全性?是否教导孩子如何避免家居环境中危险的发生?如果答案是肯定的,那么恭喜你;如果答案是否定的,那么也不用为之太感到为难,本节内容就将为你指点迷津,帮助你排除家庭中可能存在的安全隐患。

第二章

校园安全
提高孩子在校园的安全指数

　　学校不仅是孩子学习的地方,也是孩子和同龄人交流、玩耍甚至打闹的地方。而正是这种脱离家庭、走入集体中的现象让孩子在校园时的安全指数紧紧"吸附"着家长们的目光。虽然我们都渴望孩子在校园里安全、安定地学习和生活,但总有一些不和谐的音符"涂鸦"在美丽的童年这块调色板上,因此,为了提高孩子在校园时的安全性,除了学校、社会的共同努力外,更离不开家长这个有着"第一老师"之称的重要角色。

第三章

户外安全
强化孩子在户外的安全意识

　　徜徉于广阔的天地,无忧无虑地放松童年的心情,这恐怕是孩子们最为开心的事情。尽管家长都会对孩子进行贴心的照料,但不可忽略的是,谁都无法保证,当身处家庭和校园之外的环境时不存在致命的威胁。说不定稍不注意,这些带给孩子快乐的地方就会变成最危险的所在,足以让孩子和家长遗憾终生。那么,在突如其来的危险面前,我们的孩子能够机智应对、保护自身的安全吗?

第四章
交通安全
给孩子系好交通"安全带"

车来车往,人来人往,现代生活在为人们创造了便利的同时,也带来了拥挤不堪、熙熙攘攘。在这样的环境里,我们的孩子能够安全地过马路、乘公交、下天桥、坐火车吗?诚然,为了保护孩子的安全,家长们每天都小心翼翼,但是仍有一些因交通安全问题带来的事故时有发生。当看到正处于鲜花一般年纪的孩子被没有系好的交通"安全带"夺走健全、健康的身体甚至是幼小的生命时,我们的心是沉痛的。那么,为了避免此类悲剧在自己身上上演,作为家长,就该从现在开始教给孩子一些交通方面的知识。

第五章

饮食安全

别让孩子"病从口入"受伤害

饮食是人类赖以生存的首要条件，我们的孩子健康离不开食物，但是如果吃得不正确，食物也会成为伤害孩子的凶手。可以说，饮食安全至关重要。如果孩子在饮用品和食物上发生了问题，或者其个人清洁卫生、环境卫生上出现了病源传播、细菌感染，那么就有可能发生中毒现象，导致身体健康受到损害，影响学习与生活，甚至引发大病乃至死亡的恶性事故，这些都是家长们应该防止的事情，因此，为了孩子的饮食安全，家长们有必要积极行动起来，为孩子创造一个安全、健康的饮食环境，同时更要教导孩子如何正确、安全地吃喝。

第六章

游乐安全

玩得开心，更要玩得"安"心

"玩"恐怕是最让孩子们心动的一个字了。不管是上树爬墙，还是下河游泳，抑或溜冰滑雪，等等，各种游乐都会让孩子将无邪的童真尽情绽放，让快乐的时光伴随他们成长。可是，玩固然美好和诱人，但是这些活动的背后却都会隐藏着一些不安全的因素。那么，为了排除这些不安全因素，或者为了避免和这些不安全因素"相遇"，那么家长应该把游乐活动的安全知识告诉孩子，让孩子像个真正的小大人一样照顾自己的身体。

第七章

自然灾害

怎样应对大自然的侵害来袭

自然界常常和人类玩一些"生死游戏",它的某个举动或许就会让人类赖以生存的家园地动山摇、家毁人亡。而这些"游戏"里,我们人类的主动权是极其微小的,绝大多数时候都是在受着自然的掌控和裁决。当然,我们在无法避免自然灾害的同时却可以想办法将损失和伤害减少到最小程度。比如,我们教给孩子一些应对自然灾害的相关知识,让孩子在这场生死游戏里积极应对,而不是怀着"是福不是祸,是祸躲不过"的悲观心态。要知道,当我们采取正确的方法注意防范的话,很多时候是可以避免危险降临到自己头上的。

第八章

危机自救
助孩子在突发事件中脱险

近几年发生的突发安全事件牵动着整个社会的敏感神经。那么,为了悲剧不再重演,为了在突发灾难、危机事件来临之际,孩子能少受伤害,除了政府、社会的努力之外,家长们也应该从自身做起,为孩子支招,让孩子学会基本的、必要的防范与避险的知识,让他们能够在突发事件面前灵活机智地应对,以期最大程度避免不必要的伤害和伤亡。

第九章

心理导航

避免孩子的人生走弯路

美国一位教育家说,孩子来自天堂。的确,他们就如同天使一般降临人间,为每个家庭、整个社会带来欢乐和希望。但也正是因为他们那天使一般的纯真、善良和无邪,让他们更容易受到社会、校园和家庭中的一些不良因素的影响和侵蚀。作为陪伴孩子成长和教育孩子成人、成才的家长,我们有责任、有义务帮助我们的孩子拥有健康、健全的身心,避免他们在人生的舞台上少一些磕绊,少一些弯路。

居家安全

不要忽略家庭中潜伏着的安全隐患

一个孩子若能够在安全的生活环境里成长,那么这将是他童年快乐的基础,也是他一生幸福的起始。如果孩子的生活环境存在安全隐患和其他不安全的因素,那么这些东西就会像一个定时炸弹,随时都会给孩子带来伤害,给家庭的幸福蒙上阴影。不可否认,任何一个父母都会尽己所能地为孩子无私奉献,可是你是否注意到了孩子生活环境的安全性?是否教导孩子如何避免家居环境中危险的发生?如果答案是肯定的,那么恭喜你;如果答案是否定的,那么也不用为之太感到为难,本节内容就将为你指点迷津,帮助你排除家庭中可能存在的安全隐患。

做好防范，不让异物"侵入"孩子的器官

"8岁的女孩萌萌拿着铅笔满屋子跑时眼睛被扎伤"、"童童不慎将乒乓球吞入口中，若不是抢救及时，早就离开这个世界了"……类似这样的消息会时不时地通过报纸、网络等媒体刺激着我们的大脑。

每当看到或者听到这样的消息，同样作为父母，我们会不由得想到自己的孩子是否也曾有过类似可能发生的危险？自己是否帮助孩子做到了适时与适当的预防和保护？

有一位记者将一张图片发在其微博上，很快这条微博便引起了大家的关注。原来，画面的内容是，一个小孩的右脸被一把剪刀深深地插入。

这个男孩名叫轩轩，是自己玩耍时不慎将剪刀扎入脸部的。

据轩轩的妈妈介绍，这是一把家人用来杀鱼剪菜时用的刀具，轩轩有几次看到，都说要拿去玩，但是，爸爸妈妈觉得太危险，没有允许轩轩玩，并且将剪刀放在他够不到的地方，谁知，这次轩轩搬了把椅子，爬上去将剪刀取了下来。由于轩轩没站稳，椅子倒了，剪刀就正好扎入了他的脸部。

在家中陪伴轩轩的妈妈赶紧带着儿子到当地医院救治。经过检查，剪刀的尖端已经穿过轩轩的右侧颧骨进入颅内，情况万分危急。医院几个脑外科医生马上联合会诊，大家商量了一下，认为剪刀尖端已经插入颅内，最好马上转到大医院。

于是，家人和医院以最快的速度帮助轩轩转入了大医院，并进行了手术。最后，剪刀被取了出来。这把20多厘米长的剪刀刺入轩轩脸中长达4厘米。万幸的是，医生表示轩轩不会有严重后遗症。

至此，轩轩的父母一直悬着的心才算稍微平稳了一些。

给轩轩做手术的主刀医生表示，这次意外非常危险，剪刀从轩轩的右颞骨刺入颅内后，穿过了硬脑膜，到达了大脑皮层表面。值得庆幸的是，剪刀在刺入的过程中，并未伤到颅内的一些大血管，也没有损伤过多的脑组织。也正是基于此，医生认为轩轩康复后不会留下较严重的后遗症，可能会偶尔出现抽搐的情况，但不会有大的问题。

轩轩虽然最终脱离了危险，但其过程足够让父母担惊受怕。试想，万一剪刀扎到颅内的大血管，那么情况将更加危急，因此，我们在平时照顾和陪伴孩子的过程中要提早做好防范工作，不光要把危险物品摆放在孩子够不到的地方，还要多给孩子灌输自我保护的意识，让孩子自觉地认识到危险的存在，远离伤害。

具体说来，家长们可从以下几个方面引起注意：

1.摆放物品要注意，让孩子远离危险品

孩子好奇心强烈，对于那些"玩"不到的东西总是不甘心，家长如果事先没做好防范工作，一旦让孩子"得手"，就很可能发生类似上面故事中轩轩那样的危险情况，因此，父母切忌随意摆放有可能伤害到孩子的物品，比如，家里的刀具、打火机、药品及化学制剂等都要严格放置，不要让孩子够到。对于一些孩子自己玩耍的东西或者生活用品也要严格放置，不要让孩子随意玩耍，比如玻璃球、小发卡、钥匙扣等。

2.平时多给孩子进行安全教育指导

正在成长发育中的孩子，由于安全意识淡薄，自我保护能力较差，往往意识不到危险情况的发生，这就需要家长在日常陪伴孩子和教育孩子的过程中多引导孩子远离可能伤害自己的物品，不要因为一时的好奇而去触摸或者玩耍这些东西。家长还可以将自己看到、听到过的类似的危险情况讲给孩子听，这样孩子在心理上会多一层防范。

3.怎样避免有可能的"险象"

当有化学制剂，比如药品、溶液等进入眼中，要帮助孩子立即用清水冲洗，冲洗的时间要长一些，才能把异物冲洗干净。如果睫毛、沙石、灰尘等侵入眼睛后,应该让孩子先将眼睛闭上,看看异物能不能随着眼泪流出,如果不行,可以将整个脸浸入水中,持续眨眼,不过需要注意的是,不要被水呛到。

当有小虫子进入耳朵内的时候,告诉孩子不要乱掏,这样非但不能弄出小虫子,反而会让虫子往里爬,那样伤害会更大。正确的做法是,用棉签蘸一些风油精或者橄榄油刺激虫子,将其逼出耳朵。当然,如果自己无法取出,也不要惊慌,先将头部歪向被小虫子侵入的一侧,以最快的速度到医院治疗。

如果孩子的鼻子中进入了异物,千万不要用手指或镊子去抠,防止鼻内膜破裂出血。正确的做法是用力吹出异物,方法是:先用力吸气,然后闭紧嘴巴,手指压住未有异物进入的鼻孔,最后一步是"哼"地一声使塞入异物的鼻孔自内向外呼气。反复多次之后,异物就有可能被"赶出"鼻孔了。

预防窒息,确保孩子的生命安全

对孩子来说,家是最应该保证其安全的地方。每一个负责任的父母首要的职责就是为孩子提供一个绝对安全的居家环境,以便孩子有充分的安全空间进行玩耍。如果你对自己在这方面做得到位不是很有信心,那么请抽出时间认真地审视曾经认为是那么熟悉的家或许会发现很多对孩子来讲是潜在危险的所在。

很多父母或许想不到,孩子睡觉时让棉被蒙住头会造成窒息,有可能一直"睡"下去。另外,平时孩子喜欢吃的五彩斑斓的糖果、美味的果冻、香喷喷的花生米等,也会成为令孩子窒息而亡的杀手。

有关调查显示,我国每年有超过 2500 名孩子因意外窒息而死亡,还有更大量的孩子因为窒息而落下终身残疾。如此庞大的数字不能不引起家长们的重视和警醒。

小昆是天津市宁河县某农村的一个 9 岁男孩,父母都是农民,以种棉花、粮食等为生。一天放学后，由于学校放学较早，而小昆的父母又都在田里干活，只有小昆一个人在家里。

这么大的男孩正是调皮的时候，爸爸妈妈不在家，这下整个家就都成了他的"地盘"。小昆看到家中院子里的棉花堆，就蹦到上面去跳着玩。

谁知，棉花堆里有一个坑，小昆一不小心掉了进去，怎么也爬不出来了，等到在田里干活的父母回家后，发现孩子已经不行了，虽然医生极力抢救，但最终还是回天乏术，没能将小昆从死神手里夺回来，小昆窒息而亡。

还有一个哈尔滨的 8 岁小女孩，因为夜里睡觉怕冷，将两床被子盖在身上，头也钻了进去。可第二天，她的妈妈见女孩还没起床，就喊了几声，仍没见动静，才到女儿的房间里，一看，这位妈妈顿时吓傻了，蒙在被子里"睡觉"的女儿面色惨白，嘴唇毫无血色，叫她也没有回应。

女孩的父母赶紧打 120 急救，经医生诊断，结果孩子是因为被子盖得过严导致窒息而亡。

或许我们都想不到，平时和我们如此亲近的被子都有可能成为孩子的杀手。一个软软的棉花堆、一床被子居然都能够让孩子窒息而亡。然而，活生生的事实已经为我们敲响警钟，让我们意识到我们身边存在着很多被我们疏忽大意的危险因素。

因此，作为父母，为了让自己的孩子健康成长，我们有必要为孩子创设一个绝对安全的环境，不要让孩子如上面事例中所说的两个小朋友那样，在玩耍或者睡眠中离开这个世界。换句话说，对于家长来说，要杜绝这样的悲剧，采取积极的措施是非常有必要的。

1.引导孩子学会自己采取预防措施

较小一些的孩子还不太会吐痰，当感冒咳嗽的时候，会吐不出痰来，这样就容易使痰卡在嗓子眼或者进入气管，都比较危险，所以，家长需要告诉孩子排痰的方法。另外，为了防止因为棉被造成窒息，父母要告诉孩子睡觉时露出头来，不要连脑袋一块蒙上，那样会非常危险。还有，在吃饭的时候，父母自身要先做到保持安静和正确的坐姿，细嚼慢咽，不要说说笑笑、狼吞虎咽,因为你的行为孩子都会效仿,所以,为了预防孩子在吃饭时窒息,父母要先做好表率。

2.小心提防厨房和卫生间里的"罪魁"

卫生间和厨房通常是孩子喜欢"探索"的领域,比如,大多数孩子都对抽水马桶极感兴趣,所以马桶一定要盖上盖子,或干脆把厕所门锁上,否则,孩子可能会因为好奇而钻入马桶导致窒息。

孩子洗澡的时候,不要让他一人留在浴室。万一孩子不慎滑入水里,只需很短的时间,他就可能因为溺水而窒息。此外,塑料袋、垃圾袋等要放在孩子够不到的地方,并告知孩子未经父母同意,自己不要随便拿这些东西。

3.应对孩子窒息的紧急措施

如果你的孩子不幸发生了窒息,那么父母要具有简单处理这一意外伤害的应急救护的知识和能力,这样才会使孩子得到及时、妥善的处理,为送到医院救治赢得时间和创造条件。

有陌生人上门,教会孩子如何应对

现代父母大多能够认识到培养孩子独立意识的重要性, 比如有的父母会让五六岁的孩子自己到小区里玩耍,而自己则偷偷跟在后面;有的家长会故意让孩子一人在家,然后自己扮作"陌生人"来敲门,以此来观察孩子的应对能力。

对于家长的这种鼓励孩子"小鬼当家"的行为,从培养孩子独立意识的角度而言是值得肯定的,但是仍有一些需要注意的地方,我们不能在毫无准备的情况下让孩子独自去面对一些特殊的环境。换句话说,要想让你的"小鬼"真的能把家"当好",尚需提前进行这方面的教育,也就是预防措施一定要做到位,这样,孩子才不会因为突发情况而乱了阵脚,以致发生危险。

在这一节内容中,我们就探讨一下教给孩子在外人来访,特别是不怀好意者上门时的应对方法。

周末的一天,由于妈妈身体不适,爸爸陪妈妈去了医院,只留下8岁的嘟嘟一个人在家。临走前,爸爸妈妈嘱咐好了嘟嘟,如果有什么事就给爸爸妈妈打电话。

这种把孩子一人放在家里的情况已经不是第一次了,而且平时嘟嘟的父母也都很注重对孩子进行安全教育,因此他们对于孩子一人在家待几个小时还是很放心的。

爸爸妈妈走后,嘟嘟听到几声敲门的声音,他想起爸爸妈妈曾教给自己的方法,嘟嘟便问:"你是谁呀?"对方回答说:"我是你爸爸的同事,你把门打开好吗?"嘟嘟说,"我不认识你,我叫爸爸去,他在睡觉呢。"

说完,嘟嘟便跑到客厅拿起电话打通了爸爸的手机,他小声地对爸爸说了有人敲门的事,爸爸告诉他,一定不要开门,门外是个坏人,爸爸很快就到家。

挂断电话后,爸爸打通了物业保安的电话。见到保安一来,那个居心不良的敲门人立马就逃走了。由于嘟嘟的机敏反应,使他的盗窃计划没能得逞。

还有一个事例:

暑假里的一天,13岁的小美在家里写作业,忽然听到门铃响,她连问都没问,便径直走到门口把门打开了。小美一看来者不熟悉,这才问道:"你找谁呀?"只听这位和蔼可亲的中年男子回答道:"我是隔壁邻居的父亲,刚从乡下过来,可是儿子家里没有人,自己太累了,就想到邻居家休息一下。"小美听后,便毫无顾忌地就把对方让进屋里,还说:"那您在沙发上歇会儿吧!"

可是,让小美没想到的是,中年男子一进门,便立马把门反锁上。小美正觉得奇怪,还没反应过来呢,就被对方用手紧紧地捂住了嘴巴。

小美这才知道上当了,可已经为时已晚,这个人拿出兜里的绳子将小美捆住,然后用胶带封上了她的嘴巴,让小美发不出声,也动弹不了,接着,这个人就开始翻腾小美家里的贵重物品和钱财。等把他认为可以偷盗的财物都搜遍后,并没有马上离开,而是对小美产生了邪念,强暴了这个豆蔻年华的小女孩。

在第一个事例中,孩子的做法很让我们佩服,作为家长,我们都希望自己的孩子也能如此机灵,如此我们就会比较放心地让"小鬼当家"了,而第二个事例中的孩子却没有具备这方面的能力。

两个事例,两种不同的应对,造成了两种截然相反的结果,由此我们可以看出,家长对孩子进行恰当的安全教育是多么必要。

有的家长会觉得孩子随着年龄的增长,这方面的能力也会跟着增强,殊不知,如果自己从未对孩子进行这方面的教育,孩子又没有其他渠道得到这样的教育的话,很可能在遇到危急情况的时候采取错误的处理方法,以致出现类似第二个事例中小美这样的悲惨后果。

其实,只要父母平时多给孩子进行一些相关的教育,是可以在很大程度上避免悲剧发生的。

1.对孩子进行经常性的教育、引导和示范

有的父母觉得自己也对孩子说过要提防坏人,不要随意开门之类的话,可是单纯的一次两次这样简单地说教所起到的作用是很有限的,也就是说,要让孩子能在外人上门时灵活应对,并非一次讲解或者示范就可以做到的,而需要在生活中经常对孩子进行这方面的教育、引导和示范。只有这样,孩子的内心才会真正被"植入"应对类似情况的措施和方法,才不会忙中出错。

同时,家长也要以身作则,为孩子做好榜样,比如,当外人敲门时,家长不要随意开门,而应通过猫眼先看看。如果不熟悉,那就问清楚情况,然后再考虑开门与否。在父母的影响下,孩子也会这样做。另外,父母还要跟孩子讲明,当一个人在家有陌生人敲门时,不管对方找什么借口让开门都不要开,可以给爸爸妈妈打电话说明情况,听从爸爸妈妈的指导。

2.用游戏或者讲故事的方式引导孩子如何应对"外人"上门

家长可以用"过家家"的游戏来引导孩子如何应对外人上门。比如,爸爸扮作"陌生人"敲门,用各种办法骗孩子开门,看看孩子如何做。家长还可以讲一些相关的故事来引导孩子,比如"大灰狼和小白兔"的故事,小白兔听从妈妈的话,任凭大灰狼怎么骗都不开门。

当家长通过游戏、故事、电视节目等各种方式和渠道对孩子进行安全知识"轰炸"后,那么孩子的自我保护意识定会有很大的提高。

3.独自在家时,小偷撬门入室如何应对

前面说的都是"敲门"的应对方式,那么有的歹徒以为家里没人,就会撬开门直接入室,对于这种情况,孩子该怎么办呢?

对于这种情况的应对方式分两种,第一种,就是歹徒没有发现自己,那么就快速地隐藏起来,一旦有机会就赶紧逃走,然后求救。第二种,如果歹徒发现了自己,那么可以利用自己对家庭环境的熟悉赶紧躲避到其他房间,把门反锁,然后通过窗户或者房间里的电话等呼救。总之,家长需要告诉孩子,当遇到坏人时,不要慌张,而应保持镇定、临危不惧。

教孩子乘坐电梯时要注意安全

"清晨 6 时许,××路 628 弄一幢 26 层居民楼的电梯突发故障,只听见电梯'轰隆'一下,像地震一样直冲楼顶,打坏了保险装置,幸好当时电梯内无人,未造成人员伤亡。"这是某报纸报道的一则关于电梯事故的消息。

现代都市,楼房越来越高,电梯自然成了比较普遍的上下楼工具,但是电梯在给人们带来便利的同时也带来了大大小小的危险,其中尤其是儿童更易成为受伤害群体最多的人群。有的孩子留下了终身残疾,甚至有的孩子失去了花样的生命。

是什么造成这一现象的呢?除了电梯本身的质量问题外,孩子在乘坐电梯时行为不当或者安全意识不强也是事故频发的主因。

曾有媒体报道过这样一个电梯被困事件：

阿阳是一名14岁的男孩，一次他独自乘坐所住楼房的电梯时，突然遇到电梯停电，顿时电梯间黑了下来，并且电梯也停止了运行，电梯门也就打不开了。

此时，电梯里除报警按钮外，其他的按键都失去了作用，阿阳困在里面不能出去。

阿阳感到十分惊慌，他不停地按电梯按钮，最终还是一位送牛奶的人经过这里时才发现了阿阳被困的情况，当即报告了大厦保安。

大厦保安赶到了事故电梯旁，保安使劲扳开了电梯井门，然而再用钥匙试图打开电梯门，结果电梯门无法打开。

这时，阿阳在电梯里困得很难受，呼吸感到困难，头感到昏昏沉沉的。

之后，阿阳在电梯里听到电梯维修工在电梯井口弄了一会儿后，电梯的门终于打开了，他才被人从电梯里拉了出来。

阿阳说，他从电梯里出来时，只感到眼前冒金星，眼睛时不时地发黑，一回到家里看了一下时间就躺在床上睡了。

上述事例中的阿阳虽然最终被安全解救，但被困电梯时的那几个小时也着实够他担惊受怕的。可以说，对于年幼的孩子来讲，能否安全地乘坐电梯、能否在电梯突发故障时沉着应对，是每个父母都很关心的话题，也是每个父母应该指导孩子的地方。

1.引导孩子养成遵守守则的习惯

在平时陪伴孩子的过程中，家长最好适时适当地引导孩子养成乘坐电梯遵守守则的习惯，比如在人多的时候不要硬往里挤、电梯门要关上的时候不要快速地跨入电梯，进电梯后如果后面还有人，要为他人按着开门键，等等。同时，家长要告诉孩子一旦被困在电梯里时不要惊慌，而应保持镇定，如果和他人同困于电梯内，要安慰对方，然后和大家一起想办法自救。

2.电梯发生故障时的应对措施

现在高楼内的每部电梯里几乎都有相应的呼叫装置，家长应告诉孩子，当电梯运行时,如果忽然停下,就立即按下电梯内的紧急呼叫按钮,这个按钮一般会与值班室或监视中心连接。按完之后,自己所要做的就是等待救援。

有的情况下,电梯按钮可能会坏掉,这时候,我们可以大声呼叫或者拍打墙壁,以便让外面的人知道。需要注意的是,千万不要试图打开内门,因为强行打开内门未必能触摸到外门,这样要想打开外门就会更困难了。

如果发现电梯在急速下坠,这时候要立即将双腿分开、屈膝、踮脚,同时让双臂展开,扶着电梯壁,因为这样的姿势能使人体在急速着陆时有一个缓冲力,保护关节和脊柱。

3.告诉孩子不要拿电梯当游戏场所

有的孩子贪图好玩,可能会用电梯作为游戏的工具或者场所,要知道这样是非常危险的,轻则被电梯门夹到,重则发生生命危险,因此,家长应告诫孩子不要把电梯作为游戏场所,以免发生危险。

别让阳台成为孩子生命的"断头台"

某女童妞妞从 10 楼坠落被"最美妈妈"接住的事一时间成为民间美谈。人们在为这位小女孩感到庆幸的同时,更应该警醒的是如何做好家庭防护,以防此类事情的发生。

我们知道,对于住在高楼大厦里的我们来讲,阳台和窗户是我们吸纳阳光的好地方,因此很多人在购房时都会考虑阳台和窗户的朝向、大小,等等。可是我们是否想过,阳台和窗户在给我们带来温暖和明亮的同时,也意味着存在一定的隐患呢?特别是对于活泼好动的孩子们来讲,他们对"外面的世界"特别感兴趣,因此常喜欢趴在窗前和阳台前玩耍,殊不知,这是非常危险的,因此对于家长来说要保护好孩子,千万别让阳台和窗户成为孩子生命的"断头台"。

11

媒体曾报道了这样一则新闻：

内蒙古自治区通辽市某小区的一个住户，男主人外出办事，把7岁大的儿子反锁在屋内。小男孩爬到阳台上玩耍，一不小心从二楼阳台上掉了下来。不过值得庆幸的是，正在遛弯儿的一位退休干部孙先生恰巧遇到，老人伸手就接住了孩子。

事情发生时，最先发现的是3个小朋友，他们急忙大喊："快看！上面有个小孩要掉下来了！"孙先生听到孩子们的喊叫急忙跑了过去，只见一名7岁左右的小男孩卡在二楼阳台的钢筋上，身体的一部分已倾出阳台，随时有掉下来的危险。孙先生一看报警来不及了，便迅速和另一名男子做了分工，一个负责找梯子，另一个负责在楼底接孩子。

就在孙先生喊出"孩子抓紧啊"的同时，小男孩就头朝下掉了下来。一瞬间，做好准备的孙先生张开双臂，一把将小男孩紧紧抱在怀里，最终，小男孩毫发无伤，而孙先生倒是惊出了一身冷汗。

还有另外一则媒体报道的消息，而这个男孩却没有上面事例中的小男孩幸运了：

"×××社区内，一名独自在家的6岁男童不小心翻出了阳台，从4楼坠下，不幸身亡。'小孩姓田，住在4楼。'一名街坊介绍，男童被送往医院后，房东到4楼敲门，发现门是从外面锁上的，透过门缝往里看，客厅的电视还在放动画片。据房东介绍，房间内的阳台有成人高，但是阳台边上搭了张小凳子，应该是孩子被大人锁在家里，自己爬上凳子不小心从阳台摔下去的。男童被送达医院时，医生发现男童颅内严重出血，虽经过数小时抢救，但男孩仍因伤势过重而不幸身亡。"

其实，不管是孩子平安无事还是遭遇不幸，因为阳台和窗户而发生的坠落事件都值得家长们高度重视。再者说，能被人接住的孩子毕竟是极少数，所以家长们要有意识地对孩子进行相关的教育和训练，这不仅有助于孩子的自身安全，还能培养孩子的自我保护意识和独立意识。

1.关好窗户,锁好阳台

为了安全起见,家长不在家时,要记得关好窗户、锁好阳台,使孩子与阳台不得接触。另外,家长们还要注意,不要在窗口附近或者阳台上堆放任何可以垫脚的东西。即使有家长在家,也不要在阳台上和窗户下面放置椅子、桌子、洗衣机和架子等可以攀登的家具。如果孩子单独在一个房间里住,家长不要在其屋内放置可以攀登的工具,以防事故发生。

2.平时多教育,免遭麻烦事

孩子由于好奇心重,往往喜欢到窗边或者阳台上向外观望,这就需要父母在日常生活中多教育孩子远离窗户和阳台,不要随意攀爬较高的物体。当孩子的大脑时常被"灌输"这样的思想,那么就会有比较牢固的自我保护意识,而不至于攀爬阳台和窗户了。

警惕宠物给孩子带来伤害

随着社会的发展,人们的经济条件越来越好,于是很多人便会通过饲养宠物的方式来寄托自己的情感,丰富生活情趣。

应该说,宠物给人们带来了很多的快乐,已经成为了人们的好朋友,但是我们也不要忘了,宠物往往会成为疾病的源泉。事实上,动物无论有多么温驯,但它们固有的野性难以改变,尤其是常见的宠物狗,对人的伤害最为多见。相对来讲,成年人避免宠物伤害的意识更强,而防范能力较弱的孩子就需要更多的保护和关照了。

甜甜的父母一直喜欢宠物,这些年,他们饲养的一只小狗唠唠俨然成了家庭中的"一员"。由于对唠唠疼爱有加外加特别"信任",也只在甜甜的妈妈怀孕和哺乳期间将唠唠寄养在父母家两年,之后又把唠唠抱回了家中。

现在,他们6岁的女儿甜甜就等于是小狗唠唠的第3个主人。唠唠和一家人相处得很好,甜甜也非常喜欢它,经常抱在怀里当宝贝。

一天,唠唠不知道怎么回事,突然开始拉稀,什么都不肯吃,就连甜甜给它最喜欢吃的东西都没有反应。

看到心爱的宝贝这样,甜甜为此很难过,整天抱着唠唠不松手。为了让唠唠快点儿好起来,爸爸妈妈带着它去了几次宠物医院。经过一周左右的治疗,唠唠病好了,可是,甜甜却身体不舒服起来,先是发烧、头痛,然后是关节痛、肌肉痛。爸爸妈妈又赶紧带着女儿去看医生,经过化验得知,原来甜甜患了一种名叫"空肠弯曲菌肠炎"的疾病,而这病症是由小狗唠唠传染上的。

不可否认,小狗、小猫等宠物的确可爱,它们为人们带来了很多快乐,使人们的生活空间变得美好和放松,但是与此同时,宠物对我们的健康也存在着威胁,这是因为,很多宠物的唾液、分泌物、排泄物、毛皮上常带有一些致病的病菌和寄生虫,当人体抵抗力降低或被宠物咬伤时很容易被感染。小孩子由于抵抗力弱,再加上比较顽皮,就更容易被宠物伤害,一旦感染上病菌,会对身体造成很大的伤害。

因此,对于家长们来讲,最好让孩子远离宠物,自己不要养,也不要让孩子接触外面别人家的宠物。如果家有宠物,那么一定要小心谨慎,对孩子进行详尽的安全教育。

1.引导孩子正确爱抚宠物

宠物虽然可爱,但它们毕竟是"畜生",也就是说,它们根本不可能像人那样表达自己,一旦遭受惊讶或者陌生人的爱抚,它们会很容易被激怒,从而产生攻击力。如果孩子试图与狗接近,那么不要让他高声喊叫,否则会让狗受到惊吓而产生攻击性。从这一点上看,宠物狗和婴儿的反应有些类似,因此,如果孩子实在想爱抚一下宠物,那么就让他慢慢地靠近,嘴里轻声唤它,这样一来,狗就会认为人类在向它表示友好,也就不会产生攻击行为了。

2.帮助预防宠物身上的寄生虫

虽然现代都市里的人们对于宠物很是疼爱,但它们身上还是难免会产生细菌,并且容易传染给抵抗力弱的孩子,因此,如果家里养着宠物,一定要经常给宠物注射疫苗,定期到医院、防疫站驱虫,如发现宠物粪便有虫要随时驱虫。

同时,家长还要告诉孩子,在外面玩耍的时候,不要和流浪的小动物亲近,尤其注意不要接近行为异常的动物;对于家中的宠物,也要与其保持安全距离,不要用嘴去亲吻它;当接触宠物后,不管是否吃东西,都要及时洗手,并使用肥皂或者消毒液进行消毒。

3.当被猫、狗抓、咬伤后的处理措施

家长们都知道狂犬病的威力,因此但凡被狗咬伤后都会及时注射狂犬疫苗,对于孩子来讲同样如此,一旦孩子被狗咬后,如果流血不是太多,就不要止血,而应赶紧处理伤口,越快越好,因为时间越早,狂犬病毒渗入身体的可能性就越小,处理起来效果也就最好。接下来需要了解的是,争取在两个小时之内先将伤口用大量的生理盐水冲洗,然后用20%的肥皂水或0.1%的苯扎溴铵(新洁而灭)反复清洗,至少冲洗20分钟;最后用50% 70%的乙醇或2%~3%的碘酊反复涂擦,千万别包扎伤口。当然,如果离医院很近,也可以马上去医院做这些工作。需要提醒的是,若被狗、猫或其他动物咬伤,不管动物是否有狂犬病,都必须立即进医院做进一步的伤口处理,并向伤口四周注射抗狂犬病免疫血清,有时,病人还须注射破伤风疫苗、抗生素等。

警惕家居厨房给孩子带来伤害

通常来讲,厨房是家庭主妇或者"煮夫"们的活动场所,在那里,我们可以做出鲜美可口的菜肴,让家人享受美味,保持身体的营养和健康。

可是你是否知道,厨房对孩子来说也是个极具魅力的所在,因为他们觉得那里好像一个具有魔法的城堡,经过爸爸妈妈的"操练",那里就会产生好吃的东西。同时,孩子们也会对厨房里的诸如刀、铲、锅、火等产生浓厚的兴趣和强烈的好奇心。

正因为此,厨房对孩子来讲便成了一个暗藏"杀机"的地方,这也让很多家长提心吊胆,生怕孩子受到伤害,所以,避免家居厨房给孩子带来伤害是每个家长都应该重视的问题。

某社区一住户的厨房突然起火,由于当天风大,火借着风势迅速蔓延,周围的居民们发现这一情况,一边自救一边报警。

事后,经过有关方面调查得知,着火的住户其户主当时外出办事,只有一个9岁大的孩子在家里。由于孩子好奇心强烈,就趁着父母不在家,自己跑到厨房里玩耍。

厨房地面有些湿滑,孩子一不小心摔倒了,结果碰巧把正在燃烧的煤炉绊倒了。这下可不得了,煤炉不但烫伤了孩子,还顺势将屋内堆积的杂物点燃了,结果引燃了大火。

不过值得庆幸的是,孩子见势不妙,强忍着疼痛从屋子里逃了出来,除了受到一点烫伤外,并没什么大碍。

厨房里的锅碗瓢盆、瓶瓶罐罐很容易引起孩子强烈的好奇心,而这些也是给孩子带来伤害的潜在危险品,因此,为了孩子的生命健康,也为了保护好家庭财产,家长们都应该采取积极的措施,让孩子免受厨房"侵害"。

1.使用厨房器具时的注意事项

为了避免孩子"探索"到不该去的地方,父母在放置厨房里的物品时一定要多加注意,比如,将切菜用的刀具、剪刀、开瓶器等尖锐的器械插入刀具架,放到孩子够不着的地方;平时不大用的尖锐器械,最好放进上锁的碗柜;电饭煲、微波炉、热水器等电器,不使用时应拔掉电源插头,以免孩子偶然开动;如果使用燃气灶,一定要把开关牢牢关闭,尤其是不使用时一定要记得关闭总闸,以免孩子独自无意中打开燃气。

2.端、拿物品时的注意事项

厨房的空间大多比较狭小,如果孩子在里边走来走去,那么家长就更需要引起注意。一方面制止孩子的行为,另一方面自己也要注意,不要在端着热和烫的东西时近距离接触孩子,尤其不要从孩子的头顶掠过,而是一定要先看看孩子在什么位置,告诉孩子不要动,等东西平安处置后再让孩子活动。

小小卫生间也可能成为危险区域

虽然卫生间的空间不大,但它包容的东西却不少,一家人每天都要在里边进行大量的活动,比如洗手、洗澡、洗脸、刷牙、如厕,等等,但卫生间里的设备基本都是以"硬"为主,不管是浴巾架还是洗手池,不小心碰着就够疼痛的,甚至还可能会发生严重的危险。再加上卫生间地面容易湿滑,如果不小心,就会滑倒,轻则摔疼,重则摔伤。

因此,为了保护孩子的安全,家长们千万不能小瞧了这个小小的卫生间。

2011年暑假,河北省石家庄市的一个12岁女孩独自在卫生间洗澡,由于地面湿滑,鞋底的摩擦力不够,一下子跌倒在暖气上,造成脸部和腿部受伤。

原来,这个女孩是来舅舅家串亲戚,因为妈妈没在身边,正值青春发育期的女孩不好意思让舅妈帮忙,就非要独自进卫生间洗澡,没想到造成了这一悲剧。

好在治疗及时,女孩的伤势没有大碍,只是嘴角处留下了一道疤痕。

还有一则消息,说的是某托儿所的一个儿童不慎跌入马桶溺亡的事:

该托儿所为一位下岗职工所办,由于没有太多资金投入,负责人只是租了一套民房,就近招揽街区的客户。一些居民考虑到接送孩子方便,再加上收费较低,就把孩子送到这里托管。

一天,托儿所负责人发现少了一个孩子,经过查找才发现,一个小幼儿竟然跌落在马桶里。可是,当孩子被抱出来后,已经因溺水而死亡,这个托儿所的负责人也最终因过失致人死亡罪被法院判刑。

看了上面的事例,家长们或许会深感错愕:原来卫生间还存在这么多隐患!没错,卫生间虽然空间小,但对孩子来讲确实是个危险高发地,因此,父母们一定不要忽略了这块小小的地盘。如果发现家中的卫生间布局不合理,那么就有必要采取措施,进行调整,以避免对孩子造成生命和健康的威胁。同时,家长平时也要多对孩子进行安全教育,让孩子自觉防范。

1.确保卫生间的门能从外面打开,以防不会开卫生间门的孩子被锁在里面。

2.使用防滑瓷砖和防滑垫,并保持卫生间的干爽和卫生,防止孩子滑倒。

3.随手盖好坐便器的盖子,并告诉孩子那是危险和脏的地方,不要随意去碰。

4.孩子洗澡的时候,要帮他调好温度,如果是盆浴,那么就先放凉水,再放热水,以免孩子被烫伤。此外,浴缸旁边要设置扶手,方便孩子抓握。还有,对于小学阶段的孩子,洗澡的时候最好由父亲或者母亲陪着,不要独自在卫生间进行淋浴或盆浴。

5.浴室暖风机、电热加热器等电器要放在孩子够不着的墙上。

6.清洁剂、消毒剂、漂白粉、柔顺剂、洗衣粉等最好锁在柜子里,禁止孩子自行拿这些东西。

7.化妆品不要随意乱放,剃须刀也应放在孩子够不着的地方。

8.电线要布置好,以免潮湿引起短路。

9.洗衣服的时候,不要让孩子因为好奇而擅自摆弄洗衣机。

10.对于还不能自己使用马桶的孩子来讲,家长一定要全程帮助和守护,以免孩子掉进马桶或者磕碰。

新房有"杀手"，入住须谨慎

"家里的新房装修了，进去之后气味很大，从网上看到装修污染对小孩的危害，不知道咋办？"显然，这是一位能够注意到新房装修污染的家长，还有不少家长对于这一点认识程度不够，比如有的会在新房刚刚装修完之后便带着孩子入住，还有的家长特意为孩子装修漂亮的儿童房，而无从考虑所用材料是否存在污染的问题。

曾有媒体报道说，一位刚到入学年龄的小姑娘患了白血病，最后医生得出的结论是由于房间装修所用材料的严重污染导致。

事实上，刚装修的房子对于成年人来讲都会有一定程度的不良影响，而对于抵抗力较弱的孩子就更为严重，因此，家长们不要只顾了美观、舒适而把房子装修得富丽堂皇，而应该着重考虑一下孩子的安全，让孩子避免受到房间里的无形杀手——甲醛等许多化学物质的伤害。

盈盈的父母近几年做生意赚了不少钱，为了改善居住条件，便在市里较好的地段购置了一套新房。

新房装修得很不错，一家人为终于摆脱祖孙三代挤在一个六七十平方米的小房子而兴奋不已。装修完房子后，只开窗通风了三四天后，便入住了进来。

可是，就在住进新家的第二天，盈盈早上醒来后忽然感到头晕目眩，恶心呕吐，而她的父母也略微感受到一些身体不适。

盈盈的爸爸赶紧打120急救电话，经医生检查，诊断为室内涂料中毒。

这是怎么一回事呢？

原来，盈盈家装修所用的地板是一种含镭活度高的花岗岩，这种产品对人体有很强的伤害作用。此外,地板胶、涂料等也都会伤害人,导致眼膜炎、咽喉炎等病症。

入住新家固然令人兴奋,但是如果忽略了装修中的污染因素,那么这种兴奋之情恐怕就会持续不了多久,因此,家长们为了给孩子一个健康、安全的成长环境,不要单纯考虑装修的美观问题,而更多地应该注重所用材料是否安全环保、入住之前是否让房屋进行了较长时间的通风。

我们建议,在入住新装修的房子前最好找专门的检测机构进行检测,只有在安全范围内才可以考虑入住,否则像上面事例中盈盈一家住新房心切,出了问题可就后悔莫及了。

1.竹炭、活性炭吸附法

近几年,一些环保人士推荐用竹炭和活性炭来吸附室内污染,据说它们是比一般木炭吸附能力强 2~3 倍的吸附有害物质的新型环保材料。业内人士介绍,竹炭具有物理吸附、吸附彻底、不易造成二次污染的吸附特点,家长们不妨采用这种办法。

2.用通风法去除装修污染

通风是一种简便的去除装修污染的方法。通过室内空气的流通,可以降低室内空气中有害物质的含量,从而减少此类物质对人体的危害,可是这种办法在寒冷的冬天却不太适用。因为每到冬天,人们往往会紧闭门窗,室内外空气就无法流通,这样一来,不仅室内空气中甲醛的含量会增加,氡气也会不断积累,甚至达到很高的浓度,所以,如果想通过通风的方法来去除装修污染,还要考虑好季节因素。

3.植物除味法

很多植物也是去除装修污染的好东西,家长们可根据房间的不同功能、面积的大小选择和摆放植物。一般情况下,10 平方米左右的房间,1.5 米高的植物放两盆比较合适。

小游戏里也有不容忽视的危险

如果用一个词为童年生活做一个注解，那么大部分人都会同意是"欢乐"，而欢乐的"发源地"却是无忧无虑地玩耍。

现在，随着人们生活水平的提高，可供孩子玩耍的东西也就多了起来，可以说是琳琅满目、五花八门，再加上现在孩子们一个比一个聪明，玩出一些新鲜花样更是不足为奇。

不可否认，游戏对于开发孩子的智力、激发孩子的探索欲望和求知欲望是大有裨益的，但是这并不等于家长可以把孩子丢到一边任其玩耍而不管不顾，因为对于孩子来说，很多游戏中潜藏着危险，一不小心就有可能对孩子造成威胁，所以还是多加看管为妙。

2009 年一天下午，6 岁的图图在和爸爸玩"倒挂金钩"时，一不小心头部着地，摔得较重，缝了 10 针。

原来，从图图很小的时候起，爸爸就和他玩这样一个游戏：把图图的脚倒拎着转圈！孩子对此乐此不疲，图图爸也就愿意"奉献"，而图图的妈妈见父子俩玩得开心，也没制止过。可没想到，人有失手，马有失蹄，这次将孩子摔伤了。

在听说了图图受伤的过程后，医生批评了图图的爸爸妈妈。医生表示："这个动作有相当的挑战性，最好不要和孩子玩这样的游戏。即使爸爸很有把握，也要注意以下情况：注意孩子的年龄。这决定了孩子的自我保护意识与配合。孩子越小，受伤的机会也就越大。不过，孩子的年龄越大，体重越重，挥动起来的惯性就越大，要停止下来就更加困难，因此一定要注意安全。"

听了医生的话，图图的爸爸妈妈感到很惭愧，图图的爸爸表示再也不和儿子玩这样的危险游戏了。

还有一个事例。2008年的一天,一个小学生和同伴在自己家里玩游戏,为了"隐藏"自己,他爬进了衣柜里,可由于一不小心将衣柜门锁上了,小伙伴们一时也找不到衣柜的钥匙,一时间急了眼。待孩子父母回到家的时候,孩子已经因为衣柜内空气缺氧窒息而死。

受伤、致命,这样的词足以震撼每一个家长的心。我们谁都不希望此类的惨剧发生在自己身上,因此,对于孩子的安全,家长们一定要高度重视起来。

我们知道,游戏对于孩子来讲是创造欢乐的重要活动,也可供他们发挥天性。但作为家长,在保护好孩子创造力的同时,更要注意孩子的安全。只有有健康健全的身体,孩子才能玩得更好,不是吗?

1.注意地面的防滑性和弹性

孩子的安全意识、防范意识和能力都没有成年人强,因此他们很容易在看似安全的家里摔着碰着。为了避免孩子摔跤,家长最好将整个房间铺上木地板,这样既避免了瓷砖的凉和滑,又不至于因使用地毯而难以打理。另外,在孩子游戏的专属区域最好铺放塑胶地毯,这样既有弹性,又能够防滑,可以从很大程度上避免孩子受伤。

2.设计放置玩具的储物柜要适合孩子

孩子的力气有限,沉重的大抽屉对他们而言,开关起来是困难的,因此,要想让孩子自己轻松地拿放玩具,家长最好在购买储物柜时考虑到高度、抽拉难易等问题。高度适合孩子的身高、设计精巧、开关容易的柜子是首选。

3.尽量避免刺激性亲子游戏

对于新鲜刺激的游戏,孩子们是最没有"免疫力"的了,可是孩子意识不到危险的存在,在他们眼里,凡是好玩的都乐此不疲。比如,很多孩子都喜欢让大人"举高高"、玩人造秋千等游戏。殊不知,这些游戏都暗藏着危险,因此家长们还是避免为好。

4.购买玩具要仔细甄别,不要把"危险"带进家里

现在市面上的玩具五花八门,材质也是多种多样,有木质的、塑料的、塑胶的、金属的，等等，其中以金属类玩具的危险性最大。很多金属玩具边缘比较锐利，或者有尖尖的角凸出来，因此，家长要多加注意，以免让这些本来为孩子创造欢乐的东西成为碰伤孩子的"利器"。

让孩子远离"带毒"玩具

从小到大，玩具是陪伴孩子成长的重要"伙伴"，当长大成人后，玩具依然会在某些特定的时候成为我们回忆童年时宝贵的记忆。然而，家长们可曾了解，现在有很多玩具，其生产商为了自身利益考虑，全然不顾安全性，而将一些含有危害孩子身体健康成分的玩具生产销售，从中牟利。

人们将这些玩具称为劣质玩具。通常情况下，劣质玩具中含有的有毒物质也可引起相应的急性危害，少量接触往往不会引起急性中毒，但长期接触可出现各种异常表现，如含铅的玩具被小儿误咬或咬碎吞入体内后，铅可通过胃肠道吸收，产生相应的毒副作用。含有的铬对皮肤黏膜有刺激作用，可引起皮炎、铬疮和鼻中膈穿孔以及损害肝、肾。

因此，为了保护孩子的身体健康，家长们在满足孩子对玩具的喜爱之情的同时，更要牢牢把好安全这道防线。

网络上有这样一则报道：某地区接到一起发生玩具中毒事件，其中3名4~10岁的小孩因玩耍"生命球"，相继出现全身抽搐、口吐白沫、昏迷等症状。经医生诊断显示，这些小孩均为苯中毒。

孩子们的父母立即将这一情况报告给当地工商执法部门，执法人员立即赶到销售"生命球"的该街道某文具店，现场查获了玩具上千件，均无标识。

据介绍，"生命球"玩具装在青霉素针药瓶大小的小瓶里，五颜六色如豌豆般大小，椭圆形的是母球，圆形的是公球，一元钱可买3瓶。商家宣称，将母球和公球一起放在水中"喂养"，一天换一次水，一周后可长成乒乓球大小,且可生出小球。工商部门分析,小孩中毒可能源于瓶中浸泡"生命球"的液体——3个小孩由于打不开瓶盖,都曾用嘴咬。

还有一则同样是玩具引起的中毒事件:

某幼儿园一位女孩突然出现进食困难、喝水呕吐的症状。见此症状,家长赶紧把孩子送到医院救治。经过X光检查,医生发现孩子的食道已经被严重腐蚀烧伤,疤痕堵塞了食道。随后,医生进行了扩张手术,女孩的食道才恢复到正常的宽度。

原来,出现这种情况,是因为女孩吸食了涂改液。经相关部门检测发现,涂改液内含有一种叫甲基环己烷的有毒化学物质,这种化学物质进入人体后,将直接导致人体消化道狭窄。

1.告诉孩子,不要玩带有异味的玩具

挑选玩具的时候,孩子只图新鲜有趣,而不会考虑安全因素,因此,需要家长严格地为孩子挑选、辨别,买那些无毒无害的玩具给孩子。同时,家长也要教给孩子辨别玩具好坏的方法,比如,不管是布艺玩具还是塑料玩具,只要能闻到有一股刺鼻的塑料味,就不要买,如果别人手里拿着这样的玩具,自己也不要借来玩,因为这种带有刺鼻味道的玩具往往是化纤产品,对人体的危害非常大。如果儿童闻的时间过长,其嗅觉就会遭到破坏。

2.不要玩有尖锐棱角和填充物不均匀的玩具

有的玩具暗藏危险,除了上面所说的含毒之外,那些有棱角或者边角不光滑的玩具同样是危险品,所以,家长们应嘱咐孩子多注意,不要玩有尖锐棱角的玩具。对于那些有填充物的玩具,也要用手摸一下,看看是否均匀,如果有杂物、异物则不要买。

3.看清标志和标签

正规的玩具在其包装盒上都会显示玩具由哪些材料构成,家长应告诉孩子不要买没有标签的玩具。

4.需要注意的其他危险

①噪声过大的玩具:一般来讲,噪声超过70分贝,孩子的听觉系统就会

受到损害,因此在选择发声玩具时,一定要注意噪声问题。

②有电池的玩具:电池用一段时间就要更换,玩具长时间不用的时候也要取出来,以免电池内的化学物质对孩子的健康造成不利影响。

电可不是个闹着玩的东西

对于电的威力,家长们都心知肚明,它不但可以为我们照明,还能供我们取暖、做饭、洗衣,等等。可以说,没有电,真不知道生活会变成什么样。可是,我们更清楚的是,电也是个危险的东西,如果使用不当,那么极有可能造成危险,特别是对于防范意识较弱的孩子来说就更须引起注意。

据统计,我国每年会有超过千名的儿童遭受电击。因拉扯电线或随手触摸插线板而受伤的儿童达到 70% 以上。孩子们一旦触电,内脏就会受损,还会导致呼吸困难,严重时会窒息而死,所以说"电猛于虎"一点儿都不为过。

我们来看几个案例:

案例一:平先生的 6 岁大的儿子磊磊为了好玩,将钥匙插进客厅的插线孔里,不幸触电身亡。直到发生危险,平先生才开始后悔没有把房间里的电源插座用胶带封起来,也后悔没有提前告诉孩子不要乱摸电源插座,才导致了这样的悲剧发生。

案例二:2008 年 8 月 4 日的晚上,安徽省某医院收到几个紧急送来的 3 名儿童,这几个孩子是同时被电火花击伤的。

原来,几个孩子趁着家长外出的空当,拿电热水壶的插头去捅插座,结果噼里啪啦一阵响,瞬间就将 3 个孩子的手电伤了。周围的邻居听到孩子们号啕大哭,赶忙赶过来,发现 3 个孩子都被电倒了,于是立即将他们送往医院。医生说,由于电压不是很高,因此 3 个孩子的伤势不重;如果是高压线,3

个孩子就都没命了。

案例三:12岁的菁菁在家里洗澡,洗完后,站在浴室里用电吹风吹头发,结果由于电吹风漏电而使菁菁触电身亡。

案例四:浩浩喜欢在家里充当电工的角色,有一次,热水壶坏了,趁着爸爸妈妈不注意,浩浩就拿起来修理。没想到,当他学着爸爸的样子去拆电线的时候,听到"砰"地一声,电线短路了,浩浩的右手被打伤。

上面所述案例足以给家长们敲响警钟。随着生活越来越富裕,家用电器也越来越成为我们生活中处处可以用到的东西:电脑、电冰箱、洗衣机、电熨斗、电热水壶、电暖器,等等,但是对于安全意识较差的孩子来讲,如何能不让这些东西伤害则是需要每一位家长努力去做的事。

毋庸置疑,每一位家长都明白触电的严重性,轻则引起孩子机体损伤或功能障碍,产生心慌、惊恐、面色苍白、乏力、头晕等症状,严重的甚至造成孩子休克、死亡,因此,为了避免孩子触电或者被电器伤害,在此我们提醒家长,应该对你的孩子进行"反触电"教育。

1.平时多给孩子灌输安全用电知识

孩子就像一张白纸,没有外界的引导,他们很难学习到生活中五花八门的知识,因此,为了防止孩子因电受到伤害,父母应经常给孩子讲安全用电知识,让他们懂得人体是可以导电的,千万不能用手触摸电器插座和电线接头,等等。

2.告诉孩子,不要当家里的"电工"

一些男孩对于做"电工"很感兴趣,他们喜欢给家里的电器进行拆卸和"修理",而家长们则会觉得这是孩子求知欲强烈的表现,于是不去阻止。殊不知,随意拆装家用电器是件非常危险的事情,所以,家长们万不可任由孩子拆装电器,如果电器真的需要维修,还是请个专门的师傅来吧。

3.家长做好安全防范,以免发生危险

孩子的安全比其成长和成功都重要,因此父母们要从自身做起,将危险统统消灭,给孩子创造一个安全的生活环境,比如,电线接头外面要紧缠黑胶布;不要在电线上晾挂衣服、物品,将在电线上挂衣服的危害性告诉孩子;家里买新电器的时候,家长在使用前可以和孩子一起仔细阅读说明书,操作时严格按照要求进行;裸露的电线要用防潮耐蚀、粗细合适的塑料护套线;所有孩子够得到的插座要套上专用的塑料罩;要经常检查家庭中的电器,尤其是插头部分是否存在漏电现象;注意将热水器摆放在孩子接触不到的地方,以免孩子触摸或碰倒……

总之,凡是和电有关的物品都要谨慎再谨慎,从孩子能听懂话的那天起就告诉他不要接近和触摸带电的东西。

4.发现孩子触电后的应对措施

一旦发现孩子触电,父母需要做的是马上切断电源,然后对孩子进行施救。先听一听孩子的心跳、呼吸是否正常,如果孩子已经停止呼吸,那么父母就要立即给孩子进行人工呼吸,以挽救孩子的生命。另外,家长也要告诉孩子,如果发现有人触电,千万不能伸手去拉,这是因为触电的人身体上带有电,如果伸手去拉,自己就会触电。正确的做法是马上切断电源,然后再想办法救人,或者干脆大声呼救,打电话报警。

提防传染病传染给孩子

每年入夏时的几个月份都是手足口病高发的季节,同样地,每年冬季也都是流感高发的季节。这时候,大大小小的医院里往往挤满了前来看病的孩子和陪伴的家长。

我们知道,孩子就好像小幼苗一样抵抗力弱,容易遭到传染病的侵害,在大人身上无法存活的病毒却可以在孩子身上"猖狂起来"。

为此,作为家长,我们该如何采取措施,让我们的孩子远离传染病的危害呢?

王丽女士有个宝贝儿子名叫梓源,今年6岁,平时,王女士常带孩子到处玩耍,他们把生活的台州市大大小小的儿童游乐场所早就玩遍了,现在又开始带着孩子到全国各地去游玩。

前不久,他们来到上海,玩了一星期后准备回家,可是就在他们准备起程的时候,王丽发现儿子的口腔里起了一些红色的小泡泡,她立马紧张起来,临时决定先不回家了,找个医院给孩子看看口腔再说,因为她早就听说手足口病的症状之一就是口腔里起泡泡。

经过医生的检查得出结论,果然如王丽所料,梓源患上了手足口病,须赶紧治疗。据医生判断,梓源的病可能就是在玩耍过程中被传染上的,而这段时间,上海地区有不少类似病例。

之后经过积极的治疗,梓源的病很快就好了,不过,其间整个过程还是让王丽心有余悸,她真担心儿子有什么三长两短。通过这件事,她也反省自己,以后带孩子出去玩耍须多注意一些安全问题,这样才能使大人孩子都安心。

手足口病的感染者多是7岁以下的儿童,由于这个阶段的孩子免疫力低下,一旦保护不好或者不注意,就很可能被感染上。其实不仅仅是手足口病,其他传染性疾病同样更易被年幼的孩子传染,比如,孩子和患有感冒的人有比较密切的接触,那么就会被对方口腔里的病菌所传染,或者孩子在患有传染病的孩子们中间玩耍,也极易感染病毒,上面事例中的梓源就是在玩耍过程中被传染上的。

其实,很多时候,如果家长事先想到可能存在的危险,采取措施保护孩子的话,那么传染病就会在很大程度上被"截留"了,因此,家长们需要多加注意,在某类传染病高发的季节或者高发的地区需要比平时更加仔细照料孩子,以免让他们遭受传染病的侵害。

1.注意孩子生活中的卫生

有的家长为了给孩子试一下食物的问题,会自己先尝一尝,然后再送到孩子口里。其实这样做是很不卫生的,大人口腔里的病菌很容易被带到孩子的口腔里,从而引发疾病。还需要注意的是,孩子吃的食物不要裸露存放、不要让孩子吃隔夜饭、餐具要经常消毒,等等。此外,如果家长患有感冒,那么最好自行隔离,不要和孩子有密切的接触,所吃的食物也要实行分餐制,而且餐具不要混用。

2.让孩子养成多运动的习惯

我们知道,健康的身体可以帮孩子抵御传染病的侵害,因此,除了注重孩子良好的生活卫生,家长们还要让孩子养成多运动、爱锻炼的好习惯。当孩子的体质增强了,那么他们的免疫系统就会有效地工作,抵抗那些传染病病毒也就更加容易了。

3.家长要提醒孩子的相关知识

对于喜欢独立、渴望自由的孩子来讲,仅靠家长的照顾是不能最为有效地预防疾病传染的,很多时候还需要孩子自己掌握。为此,家长要提醒孩子平时养成讲卫生的好习惯,自己的生活用具或学习用品不要和他人混用,尤其是水杯、毛巾、牙刷等。另外,也不要到人员密集的地方玩耍,尤其在传染病高发期更需要注意。一旦感染了疾病,应立即告诉家长,然后去医院接受治疗,使身体早日康复。

第二章

校园安全

提高孩子在校园的安全指数

学校不仅是孩子学习的地方，也是孩子和同龄人交流、玩耍甚至打闹的地方。而正是这种脱离家庭、走入集体中的现象让孩子在校园时的安全指数紧紧"吸附"着家长们的目光。虽然我们都渴望孩子在校园里安全、安定地学习和生活，但总有一些不和谐的音符"涂鸦"在美丽的童年这块调色板上，因此，为了提高孩子在校园时的安全性，除了学校、社会的共同努力外，更离不开家长这个有着"第一老师"之称的重要角色。

在保护措施得当的情况下再进行体育活动

现在随着素质教育的呼声日渐高涨,家长们在追求孩子考高分的同时也更加注重孩子的身体素质,越来越多的家长放弃"圈养",让孩子走出去进行适当的体育锻炼,以增强体魄。

家长的初衷是好的,但是在引导和教育孩子如何在体育活动中保护好自己不受伤害方面,有的家长重视程度不够。或许在个别家长看来,学校里有老师看着不能出什么问题,可是你想过没有,体育老师也只有两只眼睛,即使再全神贯注也未必能一下子观察到每个孩子的具体状况,因此,防范孩子在体育活动中的危险情况还需要家长们平时多教育和引导孩子。

2011 年,湖北省某地一所小学六年级的孩子正在上体育课,自由活动的同学们有的在玩单、双杠,有的在跳绳,还有的在投掷铅球。其中,正在和同学玩丢沙包游戏的毛毛在捡拾沙包时,被另一组同学投掷而来的铅球砸伤了脚,导致骨折。医生说,幸亏治疗及时,否则还可能会留下行走不便的后遗症。

另一个案例:2010 年,南宁市一所小学的一个班级的学生正在上体育课的时候,一位同学突然昏迷。孩子的妈妈接到老师的电话,立即奔向学校。在医院的急救车感到并将受伤的同学送往医院的途中,孩子因抢救无效而死亡,其母亲悲痛欲绝,当场昏了过去。

原来,一年前,这位同学就因右肱骨上段撕脱骨折,就一直请假在家休养,直到两个多月前才重新回到学校。这次体育课上,体育老师安排的活动项目是跑步和单腿跳等活动,活动之前,老师询问这位同学是否可以进行,他回答说没问题,而不幸就在这节体育课上发生了,这位同学的死亡原因是由于运动诱使出现急性心力衰竭而导致循环呼吸衰竭。

事后，孩子的父母才后悔没有提前告诉孩子上体育课时一定要做好安全防范，如果是剧烈活动就不要参加，而且他们也没有告诉体育老师，可此时一切都为时已晚。

可能很多家长认为出现危险是小概率事件，自己的孩子不会那么倒霉碰巧摊上。对于有这样想法的家长，我们必须提出严重警告：安全第一，在这件事上千万不要存在侥幸心理。

虽说孩子在进行体育运动时出现危险多是在学校发生的，但如果父母提前教育孩子，让孩子知道采取一定安全措施的必要性，那么很多事故就会避免了。

此外，家长们还需要知道，很多导致孩子在体育运动时受伤的因素还和孩子本身身体素质差和不懂得科学锻炼有关，而这些都需要父母提前为孩子打好"预防针"。

1.培养孩子的安全意识

家长要在平时多教一些运动的安全知识，让孩子知道当遇到体育运动中的突发安全问题时如何处理。最重要的是，要让孩子懂得根据自己的身体状况做合适的锻炼，如果有以下自我感觉或症状，就应该向老师提出中止或者改换轻度运动，比如睡眠不足、有过度疲劳感，或者受到强烈的刺激，或者患重感冒、痢疾等其他身体不适的症状。

另外，家长还要对生病的孩子采取防范措施。假如孩子有先天性心脏病，那么家长就应该在孩子入学前告知老师，不要让孩子参加较激烈的体育活动，更不要参加体育竞赛；如果孩子患有急性疾病，那么就要让孩子遵照医嘱服药和休息，尽量不参加体育活动。

2.教会孩子正确使用体育器械的知识

一般来讲，老师会把安全使用体育器械的知识告诉孩子，但老师很难照顾到每一个孩子，说不定碰巧走神的孩子就没把老师的话听进耳朵里。关于这点，还需要家长在陪伴孩子的过程中多做一些提示和指导，以免发生事故。

具体来讲,我们可以教孩子懂得一下一些体育器械的使用:

①使用单、双杠活动时,先检查一下器械是不是完好、是不是晃动、器械下面是否有体操垫。如果自己无法确定完好与否,要先问一下老师,确保一切都准备完好后再进行活动。

②进行投掷活动时,要根据老师的口令进行行动,丝毫马虎不得。

3.饮食后不要马上活动

一般来说,吃东西后 30~60 分钟内应注意避免运动,因为如果在这段时间运动的话,会刺激肠胃或者造成体内血液分配失调、损伤身体而且运动效果也不显著。

4.做好充分的准备活动

别说是一个小孩子,就连顶级的运动员在参加比赛前都要有一定量的准备活动,我们称之为"热身"。孩子们可以通过慢跑、快走、手操等活动形式来热身,这样就能使四肢关节活动加强,有助于一般性运动能力的提高。

需要引起注意的课间活动

"等待着下课,等待着放学,等待着游戏的童年……"《童年》的歌声唱出了孩子们在被"囚禁"之后期待放松的心情。对于这一点,恐怕每一位家长都深有体会。随着下课铃声响起,孩子们就像欢快的鸟儿一样飞出"笼子",享受课间的活动。

在经历 40 分钟的上课之后,10 分钟的课间活动的确诱人,但有的孩子在这 10 分钟里玩起来忘乎所以,以至于太过火而让自己或者同学受伤,如此看来,则得不偿失了。

因此,若想避免不希望发生的事情出现,家长们还要多给孩子灌输课间玩耍时需要注意的常识,保护好孩子的安全,也免除家长和老师的担忧。

曾经有媒体报道过这样一件孩子在课间活动时受伤的事:9岁的多多在一家民办小学读三年级。在几天前的课间活动中,多多和几个小伙伴一起到操场上玩双杠,其中有一个名叫飞飞的男孩很淘气,在多多正在双杠上"倒挂金钩"的时候,飞飞故意来吓唬多多,趁着多多不注意时冲着多多大声"啊"了一声,并推了多多一把。

这下可不得了了,多多一下子栽到地上,头部撞破,顿时头破血流,疼得她哇哇大哭。

得知情况的班主任老师急忙赶来,抱着多多去了离学校几十米之外的医院。经医生检查,多多虽然没什么大事,但是由于伤口较大,还是缝了五六针。

还有一则消息:一所小学的学生在进行课间活动时,一名叫融融的同学被另一名踢毽子的同学踢伤了眼睛,导致眼角膜受伤,经长时间治疗才恢复。

课间10分钟是学生们消除学习疲劳、活跃身心的时间。由于孩子都是分散到小学各个地方来进行活动,所以老师也不可能面面俱到,随时观察着每一个孩子,这就需要家长在平时多给孩子进行课间活动的安全教育,培养孩子安全活动的意识。

如果能做到这一点,那么孩子在很大程度上就会避免危险的发生。具体来说,我们有必要告知孩子以下几点课间活动的注意事项:

1.禁止室外乱跑

由于正在快速成长的孩子精力充沛,在40分钟的学习后好不容易盼来下课铃声的响起,于是恨不得一步飞出"笼子",投入到自由自在的天地里。可是,孩子们意识不到这样乱跑很容易出现危险,因为校园里孩子多、空间小,是非常容易撞上别人或者被人撞上的,所以,家长们要告诉孩子切忌在室外乱跑,当发现周围有人乱跑时,自己也要躲开以避免被撞到。

2.不要在室内打架

孩子们多是喜欢"斤斤计较的",比如你把我的书本碰掉了,我就要把你的凳子抢翻;你踩了我一脚,我非得还你一拳头。要知道,教室里到处是桌子凳子,如果不小心撞上棱角,很容易碰伤及碰破皮肤,甚至砸伤身体,所以,家长要告诉孩子,不要和同学打架,尤其不要在教室里打架。

3.上下楼梯隐患多

孩子们对于玩耍的想象力总是超乎大人,有的孩子喜欢在楼梯上从下往下滑。在他们看来,这是件非常刺激的"训练项目",殊不知,看起来好玩的游戏,实际上危险多多,一不小心就会摔下来,很容易受伤。

4.不要爬在窗户上探头探脑

现在大多数孩子都是在教学楼里上课,而很多教室的窗户没有防护装置,如果孩子爬到窗口,探出脑袋来透气是非常容易出危险的,所以,如果想透气,不妨下楼到室外吧,而不要再这样冒着危险探头探脑的了。

住读孩子的宿舍安全,你注意了吗

虽然小学生大多走读,但也有一些家长为了锻炼孩子的自立能力或者由于自身情况等因素,为孩子选择住读学校。

我们要知道,由于学生宿舍人员较多、较杂,和家庭相比容易出现一些安全问题,比如遭窃、失火、同学之间发生摩擦等,给孩子造成一些威胁,这一点也是令很多有住读生的家长所担心的。而要想让孩子保护好自身安全,能够拥有一个健康、安全、和谐的宿舍生活环境,则是需要家长和学校共同努力的。

2012 年 2 月,某学校女生宿舍发生失窃,其中有 3 名学生被偷走手机、现金等物品。

一名叫芳芳的女孩说,那天下午,他们班参加了一个学校组织的集体活动,到傍晚才回到宿舍,一进门发现房间里被翻得乱七八糟的,顿时就吓坏了。

事后经校方和警察调查,将偷盗该物品的年仅 11 岁的男孩抓获。

另一个案例发生在我国中部某城市,9月初新生入学当天,由于孩子们觉得夏天太热而将门开着,谁知就在当晚便发生了失窃案,两名孩子丢失了放在床头的一个月的生活费,共计500多元。

类似的情况让家长们感到触目惊心,可是我们是否意识到培养孩子增强这方面安全意识的重要性了呢?上面所述的第二个事例显然是因为孩子的安全意识不强而失窃,如果能提高安全意识,采取积极的防范措施,那么类似的事件是可以避免的。

1.让孩子保护好自己的财物

在平时和孩子共处的时候,父母要多给孩子讲解一些犯罪分子常用的偷盗形式,好让孩子有针对性地进行防范。我们总结了一下,大概有如下几点需要告诉孩子:

①乘虚而入。如果房间的门没有及时锁上,那么就很容易成为小偷盯准的日标,从而趁机入室盗窃。

②"顺手牵羊"。如果有陌生人进入宿舍,不管以什么名义,只要不是自己的熟人或者学校的安排,就一定及时下"逐客令",因为这类人说不定就是顺手牵羊的小偷,他们试图趁人不备而将宿舍里的物品偷走。

③"钓鱼"。这一点主要针对住在一楼或者平房的孩子,因为小偷会利用竹竿等器具将放在室内的钱包或晾在窗外的衣物钓走。对于这一点,尤其需要学校做好防护工作,比如安装防护网,即可避免此类事件发生。

④撬门扭锁。这类小偷往往以偷比较值钱的东西为目的,因此孩子们最好不带贵重物品到学校,或者不要显露自己的"富有"。

2.教给孩子一些防盗措施

①最后离开宿舍的同学一定要锁好门窗,不要嫌麻烦,更不要存在侥幸心理,因为坏人盯准的可能就是这个时机。

②不能随便让外人住到宿舍里来,尤其是不知底细的人。

③当在校园里或者走廊里发现形迹可疑的陌生人应提高警惕,比如那些左顾右盼、神色慌张的人,很可能是坏人。此外,还要对那些到寝室推销产

品的人提高防范意识,千万不要受骗上当,一旦发现要及时报告老师。

④将自己的钥匙保管好,不要借给他人,同时也要和同宿舍的同学一起做好这一点。

3.增强孩子的安全意识和集体意识

①当宿舍出现危险时,大家不要慌张,而应沉着冷静、齐心协力,想办法及时报告管理员或者老师,也可以直接拨打110报警,前提是在不受到犯罪分子威胁的情况下。

②不管对方以什么借口,都不要让不熟悉的人或者刚认识的人随便进入你的宿舍。

③不要在宿舍里使用明火,不要私自点蜡烛,也不能使用电器。

④当发现寝室阳台的门窗、灯具、空调、插座等有破损现象,要及时报告相关管理人员保修,以免发生危险。

⑤提前关注天气预报,一旦遇到台风、沙尘暴等恶劣天气,应及时将衣物收好,把门窗关好,并尽量不外出活动。

教孩子学会警惕和应对老师的体罚

在有关教育规章制度的约束下,当今的老师体罚学生的事件已经越来越少了,但仍有一些老师"胆大妄为",采取这样或那样体罚孩子的措施。

例如,媒体上曾报道广州黄埔区某中学一位康姓学生仅仅因为上校车时与维持秩序的老师发生摩擦,便被老师一拳打裂嘴角,伤口长达3厘米;河南省某小学老师因为孩子上课时精力不集中,便用随手掷来的小竹棍刺中孩子的左眼球,经鉴定为七级伤残;陕西省蓝田县某学生因遭多名老师体罚,身心俱损,行为出现反常,被医院诊断为轻度狂躁症精神病患者;云南玉溪市某小学为了体罚学生,竟然强迫孩子吞吃苍蝇……可见,教师体罚和变相体罚学生的现象并不鲜见,此类现象让家长们义愤填膺。除了这些较为严重的体罚,家长更多地见到的或听到的可能是诸如罚站、挖苦、讽刺等体罚措施。不管是轻还是重,家长们的心里都是不好受的。

那么,我们有没有考虑过,在悲愤之余,自己怎么做才能让自己的孩子免遭体罚?假如自己的孩子遭到老师的体罚时,我们能够采取什么措施来保护孩子呢?想必这也是每个家长更为关注的。

据某晚报报道,2012年4月,一位名叫怡玲(化名)的女孩放学回到家后,便瘫软地坐在椅子上,双手揉着膝盖直喊酸痛,经父亲多次询问,怡玲才不情愿地说出原因:因没有背出英语老师要求背诵的英语单词和课文,被罚做了300次伸蹲动作,并且这并不是自己第一次被罚,之前也曾经被罚过,并且被罚做伸蹲动作在班级里很普遍,至少曾有20多名同学被罚过。

在了解情况后,怡玲的父亲表示,因学生背不出单词,老师适度地处罚一下,他可以理解,但是罚做300个伸蹲动作,还让其他的同学在一旁看着,对于孩子的身体健康和心理健康都有伤害,他觉得老师的做法实为不妥。

怡玲就是因为没有背诵单词和课文,就被老师体罚。事实上,类似老师体罚学生的现象在如今的校园中仍时有发生。虽然对于体罚孩子,老师和校方有自己的一套说辞,比如"为了让孩子汲取教训","为帮助孩子改正错误",等等,但是作为家长,我们不能接受这样的做法。那么,我们又该怎么做来保护我们的孩子免遭老师的体罚呢?

1.做好和老师的沟通

在平时,家长可找一些机会和老师进行沟通,主动向老师说出孩子某一方面的缺点,比如爱顶嘴、对某科成绩不感兴趣等,这样老师对孩子就会有更多的了解,也会在孩子在这方面出现问题时,心理上有所准备,降低对孩子体罚的可能性。如果孩子遭受了老师的体罚,家长同样需要找老师沟通,但不要只针对孩子被体罚的事展开话题,家长可以和老师面谈自己的孩子在班上的情况。如果老师对于体罚孩子的事只字不提,那么家长可以婉转地表达自己的观点。

2.要向孩子问清楚情况,老师为什么要体罚他

孩子遭到体罚后,家长先不要着急训孩子或者指责老师,而是先了解一下情况,问问孩子老师体罚他的原因是什么。如果是孩子的错,家长应趁机教育孩子要遵守学校的纪律。如果确认不是孩子的错误,那么就告诉孩子等老师气消后,主动向老师解释。当然,如果老师的体罚诸如本篇开头时的情况那么严重的话,势必对孩子的身体和心理造成较大的伤害,这种情况下,我们要让孩子主动把事情告诉自己,让家长来帮助他。

3.让孩子遵守课堂纪律

很多情况下,老师对孩子体罚是由于孩子不遵守纪律,比如不穿校服、没按时完成作业、上课时随便说话等。虽说这些不算什么大错误,但老师会因此而心生不满,说不定就在坏情绪的肆虐下对孩子进行体罚,因此,家长有必要教导孩子遵守纪律、听从老师的安排。

教导孩子如何应对别人的勒索行为

孩子能够不受外界侵扰平平安安地上下学、在学校里每一天都能安心读书,是每一个家长的期望。可是,一些不法分子瞅准了防范能力弱、自我保护能力不强的小学生,试图从他们身上抢劫、勒索钱财、因此,发生在上学过程中的勒索事件时常见诸报端。

通常情况下,勒索者多是高年级或者校外社会上的青年小团伙、小帮派等,他们经常通过制造事端、恐吓威胁来勒索低年级孩子的钱物。

虽说现在生活富裕了,但小孩子的零花钱也不会太多,所以被勒索的钱财往往数额较小。尽管如此,也会给孩子的心理造成不利影响,以至于有的孩子产生恐惧心理,害怕上学,让家长深感惶恐不安和深切担忧。为此,家长们如何引导孩子防止和应对勒索行为成了家庭教育中的必要组成部分。

案例一：

广西桂林某小学六年级学生松松常去学校对面街上的饮料店买饮料，可自从去年夏天那次遭到勒索的事件，让他至今心有余悸。

当天，松松买完东西付完钱之后，突然被排在他后面的两个高年级男生推到门外，然后被拉到一个偏僻的小胡同里，松松害怕极了，小声地问："你们要干吗？"那两个男生严肃地说："把你的钱都交出来！"边说还边按着松松，把他挤在墙角，让他动弹不得，松松只好把钱包递给他们，钱包里总共有50元钱。事后，虽然松松将此事告诉了老师和父母，但因为无法得知那两个男生的班级和姓名，再加上由于害怕，松松对他们的相貌也没记太清，至今未能找到他们。

案例二：

西安某小学一名女生在下晚自习后，在回家的路上被歹徒抢走了手机，但是她的同伴迅速用手电筒照着那人的脸，记住了他的相貌特征，当第二天她们又发现歹徒抢劫别的同学的时候，马上打电话向公安人员报案，公安人员及时出动，为她们追回了被抢走的手机。

案例三：

梓凯是个四年级的小学生，家境不好，母亲常年生病，全家就靠父亲一人当建筑工人养活，因此，父母把希望寄托在梓凯身上，希望儿子能在学校好好学习，将来考个好大学。

可最近一段时间，父母发现梓凯情绪很差，回到家后总是一副懒洋洋的样子，开始以为他生病了，后来经询问得知，梓凯被校外的几个孩子盯上了，他们向他索要100元钱。

由于家里困难，梓凯从来没在身上带超过5元的钱，他更是不敢将此事告诉父母，也不敢向父母要更多的钱，他只希望这些人能早一些远离他，不再纠缠他。

可是，事情还是在不久后的一天发生了。那天下午放学后，那几个孩子瞅准机会,将梓凯拽到一个没人的地方踢打了他一顿,将梓凯的鼻子和嘴角都打破了,脖子上还勒出了一道红印。

从那之后,梓凯就像生了心病,每天睡觉都不踏实,因为身体不好,梓凯的妈妈只好找亲戚带儿子去医院看伤。伤治好了,儿子的心病却治不好,梓凯每天晚上睡觉都不踏实,就是不想去上学。

看完上面的案例,我们深深地为自己的孩子感到担忧,一旦孩子遭遇勒索,不但让财物受损失,而且还会让孩子没法安心下来好好学习。

因此,为了孩子的身心健康,家长应该在日常生活中多教给孩子一些预防他人敲诈勒索的方法。

1.放学后尽快回家,尽量走行人多的路

一般情况下,勒索者通常会把目标盯在一些喜欢在放学途中逗留的孩子或者那些在偏僻的小路上行走的孩子,因此,家长应嘱咐孩子放学后马上回家,不要走人少的小路,即使不得不走,也要和同伴一起。另外,平时穿着要朴素,不要乱花钱,避免引起别人的注意。

2.被勒索后尽快告知老师和家长,或者报警

一旦遭到勒索,要及时告知家长和老师,让家长和老师帮助,想出应对的方法。千万不要隐瞒事情,不要因为勒索者的要挟就不让家长和老师知道,因为一旦这样,勒索者就会一而再、再而三地进行勒索,到那时就会越来越麻烦了。

同时,当遭遇勒索,不要先想到以恶制恶,别找所谓的"朋友"为自己出头,那样只会造成恶性循环,正确的做法是和公安人员取得联系。如果把勒索者的相貌特征、去向等第一时间告诉警察,那么警察就会及时给予帮助。

3.教给孩子预防勒索的安全常识

①上学与放学尽量结伴而行,避免单独行动。

②和同学处好关系,宽容别人,不要动不动就跟别人大动干戈。

③别和有暴力倾向的孩子结成伙伴,与其保持一定距离。

④当遭遇校园暴力或者攻击倾向的情况,应及时告诉老师和家长。

当校园暴力来袭,孩子该怎么办

校园暴力已成为家长们经常听到也深深为之揪心的一个词。谁不希望自己的孩子平平安安,不遭受暴力,更不要施暴于人。可是由于教育方式不当或者外界不良环境的影响,校园暴力事件时有发生。

2011年,某网站微博里曾被大量转发过校园暴力事件的视频和相关文字内容。有的是在宿舍里,几个人对同一个人进行语言侮辱和拳打脚踢,有的是让其脱光衣服,并用手机拍下照片和视频将其羞辱……这样的现象让校园这个本来该是一方净土的地方显得恐怖重重,而这些也刺痛了父母们的眼球,震撼着父母们的心灵。

那么,是什么原因导致稚嫩的孩子们产生了如此荫翳的行为?我们又该怎么防止自己的孩子成为施暴或者受暴的一方呢?

曾有媒体报道了这样一起小学生将人致死案件:

"四川乐山市某校学生海强在一家黑网吧里被某小学4名六年级小学生用拳脚活活打死。据海强的堂弟说,他是眼睁睁地看着哥哥被打死的!他说:'当天下午5点多,我和哥哥去网吧玩,进门就看见小东、小明等4人从网吧出来,哥哥见势不妙,就叫我用自行车搭他回家,小东等人冲上来将哥哥按在沙发上乱打。大约四五分钟后,我哥挣扎着站起来,又被小东一个耳光打在太阳穴上,他倒在地上就死了。'他说,事情发生在网吧的过度厅里,至于打架缘由,他说:'我哥哥前两天在放学回家的路上,在自行车上吐口水飘到小明身上,哪知小明约了'结拜兄弟'来打我的哥哥!'"

无独有偶,有一个遭受校园暴力的女孩子曾写下过这样一段文字:

"一年来,我一直做着一个醒不来的噩梦。在梦中,我又回到了那间写满屈辱的女厕所,被她们踢打、辱骂,我的衣服被人用拖把挑起来,光着身子的我蜷缩着,却又尽力伸长胳膊想去抓衣服……她们骂我、打我、踹我,脱光了我的衣服,让我做出种种让人不敢回想的动作。我知道这种事情不少,可是万万没想到会发生在我身上。我一直洁身自好,成绩中上,尊敬师长,对于班里"谁喜欢谁"这类八卦都不参与议论,怎么也没想到……

于是,我以死相逼让爸妈为我转了学,成绩一落千丈。我留着长长的头发,无论多热,都穿着宽大的校服,永远把自己藏在壳里,不和任何人说话。老师厌恶我,爸妈也不知道为什么我会这样,只是每天除了唉声叹气就是骂我。我又能和他们说什么呢?难道跟他们讲我的遭遇?我的脸皮还没厚到那种程度。"

看过上面的事例,即使已对校园暴力见怪不怪的家长也难免不为之痛心,花一般的年华本该享受阳光与雨露,本该充满快乐与平静,可是校园暴力却从一部分孩子身上剥夺了这些权利,让他们承受着常人难以想象的痛苦。

如果我们不去采取措施帮助我们的孩子,那么孩子除了遭受皮肉伤之外,更重要的是造成心灵的扭曲,让他们认为邪恶比正义有力量,一切都可以用拳头来说话。而经常遭受暴力的孩子,其情绪上必然深陷孤独和哀伤,学习成绩也会下降,甚至丧失生活的勇气和信心,走上不归路。

因此,为了预防和制止校园暴力,家长、学校和社会都应该行动起来。而作为家长,我们应该并且能够做到哪些呢?

1.培养孩子勇敢的精神,但不要以暴制暴

通常情况下,施暴者会借不要告诉家长和老师、不要报警等来威胁遭受暴力的孩子,如果遭受暴力的孩子乖乖地听从,那么只会让暴力分子更为猖獗,因此,家长在平时要告诉孩子,面对校园暴力要勇敢地站出来,能周旋尽量周旋,如果遭受了暴力,事后一定要告知家长和老师,家长和老师会帮着想办法。

当然,我们所说的勇敢并不是让孩子"以牙还牙"、以暴制暴,因为用暴力方式来解决问题的做法是不明智的,因为这样不但不会让暴力离自己越来越远,反而会越来越近。

2.时常打"预防针",预防孩子侵害他人

在有的家庭中,父母发愁的不是自己的孩子受欺负,而是欺负别的孩子。为了预防和制止孩子的暴力行为,家长应该杜绝孩子受到任何暴力文化的影响,并多引导孩子用正确的方式方法来解决问题。

3.告诉孩子预防和应对校园暴力的方法

①当上学过程中遭到别人的打骂、威胁等,要立即告知老师和家长。

②和同学们相处的时候要宽以待人,尽量不要产生矛盾,但遇到不公平现象也不要忍气吞声,做个"受气包"。

③与那些"坏"孩子保持适当距离,不要靠近,也不要招惹,更不要在背后议论他人。

④发现同学遭受暴力的时候,由于自己的力量有限,阻止起来可能会引火烧身,所以不妨赶快告知老师或者报警。

⑤上下学回家的过程中,尽量由父母接送,如果是高年级的孩子,也尽量别单独行动,而是和同学们结伴而行。

⑥见到有他人受到暴力侵犯时,如果无力阻止,一定要就近拨打110或寻求老师、民警及周围同学或围观者、过路人的帮助。

玩笑可以开,但切忌过火

孩子们的性格各有不同,有的活泼开朗,有的腼腆害羞,有的"严肃认真",有的则古怪精灵。多数家长和老师在放松下来的时候,应该更容易喜欢那些活泼开朗、古怪精灵的孩子,因为这些孩子总能时不时地创造乐趣,不会"冷场",而这样的人也往往更具创造力和想象力。当然,那些循规蹈矩、乖巧听话的孩子则在日常生活和学习中更容易受师长的青睐,因为他们不像那些爱淘气的孩子一样制造麻烦,让大人更"省心"。

在此,我们不去讨论哪一类孩子更好或者不好,而是提醒一下家长,我们有必要告诫孩子,开朗活泼是好事,开玩笑也没什么不可以,但是一定要掌握分寸,如果玩笑开不好,可能就会捅娄子!

哈尔滨某小学,一位名叫乔乔的10岁女孩热情开朗、活泼好动,也爱搞点儿恶作剧。比如,春天到来的时候,她就把杨树上掉下来的类似花虫子一样的树叶偷偷放进同学的书本里,待同学翻开书的时候,往往会吓一跳。

最近,他们班上新转学来了一个小女生,不知道是由于对新环境太陌生,还是性格使然,这个女孩很少和同学来往,课间的时候大家都聚在一起玩耍,而这个女孩却坐在座位上发呆。

乔乔想帮助这个女孩融入到集体环境中来,于是她就故意找了几个同学围着这个女孩说这说那,比如:"这个姑娘好俊呀,真是闭月羞花、沉鱼落雁呀!"或者:"哎呀,这不是天上掉下个林妹妹吗!"

可没想到,他们越这样说,女孩越不好意思,把头埋得更低了。

乔乔一看这招不灵,就又想了别的办法,趁课间休息,她在黑板上写了几个字:"请各位同学向我们班新来的'冰美人'发出邀请,请她为大家高歌一曲。"

那个女孩本来就害羞,这下就更不知道如何是好了,心急之下,趴在座位上"呜呜呜"哭了起来。第二天,女孩就干脆不来学校上课了。

事例中的乔乔本是好意,可是对于过于腼腆害羞的新同学来讲,她的热情不但让对方感受不到温暖,反而更加排斥,也更不知所措,以致连上课都不敢了。

那么,为了防止我们的孩子既能活泼开朗、热情大方,又不至于因为玩笑而让别人不舒服,家长们应该怎么做呢?

1.告诉孩子,搞恶作剧会令人感到讨厌

孩子们是出于好奇或者出于想捉弄人的心理才会搞恶作剧,家长要想办法帮孩子克服这种心理,不要让这种爱好继续发展下去。如果家长不闻不问,不但会伤害到别人,也将不利于孩子身心的健康成长。家长可以设计捉弄一次孩子,让孩子体会到被人捉弄并不好玩,从而让孩子改掉搞恶作剧的坏习惯。

2.多关心孩子,理解孩子的个性和心理

有的孩子天生爱开玩笑,也有的孩子是因为受到他人忽视或者冷落而有意采取一些恶作剧行为。不管是哪一类,作为父母都要对孩子的个性和心理有一个明确的认识。只有做到这一点,我们才能有的放矢、对症下药。如果发现自己的孩子是个"开心果",在高兴之余还要多提醒孩子,对于一些"禁不起玩笑"的孩子尽量不要开玩笑,以免让对方不舒服。同时,父母还要多关注孩子,不要让孩子感到自己被忽略,这样孩子就不会做出一些出格的恶作剧来希望引起家长或者老师的注意力了。

3.分清"是"与"非",采取得当的教育方法

有时候孩子开玩笑或者恶作剧是由其创造力导致的,而有的则纯粹是淘气行为,所以,这就需要家长对其行为有准确的辨别能力,若是前者可以适当鼓励,若是后者则应讲明道理,让孩子减少或放弃此类行为。同时,家长还需要注意,不要对孩子一贯娇宠,否则会造成孩子不懂得自我约束,为所欲为。

4.需要告诉孩子的安全知识

①开别人玩笑的时候,不要只顾自己一时心血来潮,更重要的是考虑到对方的心情,如果时机不合适,即使一个喜欢开玩笑的人也难以接受。而那些不喜欢开玩笑的人,就更不要随意跟他人开玩笑了。

②开玩笑有时候会开过火,如果因此而让他人不愉快,那么即使你不是故意的,也要向对方道歉,并记住下次不要再开这样的玩笑。

遭遇性侵犯，鼓励孩子大胆揭发

在每个家长眼里，孩子都是那棵需要用心去呵护的幼苗，都希望给孩子创造一个安全、安宁的成长环境，但是，总有一些不和谐的音符打乱孩子健康成长的脚步，让孩子的身体遭受伤害，让心灵蒙上阴影，特别是青少年遭受性侵犯的时候，往往由于害羞和害怕对方"揭私"而受同学讥笑，以致不敢揭发，导致身心受损。

心理学家表示，性教育是一个社会性的课题，尤其对家长来说，面对孩子的性萌芽，该如何教育引导是刻不容缓的问题。

可是，对于孩子的性教育，很多家长感到无从下手、无计可施，甚至不知道怎么开口和孩子谈论这方面的问题。这些家长不知道，要让孩子形成健康良好的性心理，家长的教育引导必不可少。专家建议，家长对孩子进行性教育可以遵循这样一个基本原则：男孩的性教育主要由父亲负责；女孩子主要由母亲负责，而且都需要循序渐进、拿捏适度。

曾有媒体报道过这样一则新闻：

2011 年，小强和小明这两个还在读小学的男生在放学途中"越轨"，对同校一名未成年女生实施了性侵犯。

一日下午，小强的同班同学阿丽走在放学回家的路上，小明和小强把她叫住，说有话对她说，阿丽不明所以，就跟着他们来到一处空旷的坟地，谁知，小强和小明此时抡起藏在书包里的木棍便打向阿丽，随后又强行共同对阿丽实施了性侵犯。

阿丽的父母知道此事后马上报警，警方很快找到小明和小强，对此事展开调查。在调查过程中，警方从小明口里得到这样的说法，他们之所以有如此举动，是因为曾在网吧上网时看过色情电影。事发当天，他们"突然想起电影里的东西"，便实施了暴力行为。

还有一则让家长们更触目惊心的消息，我们一起来看一下：

小萍是一个读小学五年级的女孩子，可就在她这个年龄最隆重的节日"六一"前夕，她却成了妈妈——在学校卫生间里生下一个健康的男婴。

当看到这个突然降临的生命，小萍顿时惊呆了，她甚至不知道这是怎么回事。得知此事的小萍的同学和老师和家长也颇为震惊，因为在此之前，小萍和平时没什么两样，一切都照常。

面对师长的追问，小萍才道出了让人震惊的一幕：去年8月，在去老家的时候，她被一名男子侵犯过，因为害怕父母责骂，就一直没敢声张。

安全无小事，这是每个父母都要牢记的问题。一旦孩子遭到侵犯，他们的身体和心灵都会受到严厉的摧残，或许其人生就会由此而改变。显然，这是每一个父母都不希望看到的。那么，我们该怎样引导我们的孩子预防和应对那些令人发指的性侵犯呢？

1.适时教育，不要回避

进入小学高年级的孩子正处于性的萌芽状态，家长首先要正视孩子已经萌芽的性心理现象，并抓住适当的时机对孩子进行教育，不能回避，比如，当看到电视屏幕上个别的"尴尬"画面时，与其迅速跳过，还不如将其作为一个切入点。专家建议，在对孩子进行引导教育时，可以给孩子设一个"底线"，只要别越过底线就可以。

2.储备知识，从点滴入手

闭门造车的做法显然是不行的，那样就好比无源之水、无本之木，所以，要想对孩子进行良好的性教育，家长需要储备相关知识，从生活中一点一滴的教育和引导入手，而不是丢给孩子一本书，或者干脆把书本上的东西一股脑儿灌输给孩子，这样都是不可取的。我们教育孩子的最终目的是让孩子树立正确、健康的性观念，让他们懂得遵守法律、明辨是非。

3.面对侵犯，拿起武器

很多孩子在遭受性侵犯后，就像上面案例中的小萍一样不敢声张，甚至有的家长也害怕让人知道,帮着孩子隐藏起遭受侵犯的"秘密"。其实这样做只会助长侵犯者的气焰,而让受害者承受更大的压力,因此,我们建议家长们要教育孩子,在面对性侵犯时,要做到如下两点:

①告知家长和老师,不要害怕威胁和报复。

②不能迁就,更不要隐藏,立即报告公安局,维护孩子的人生权利。

上下楼梯须注意安全

楼梯是我们上楼和下楼的重要"交通工具",特别是一些小学,其教学楼往往都不高,没有电梯,楼梯就成为孩子们进出教室和室外离不开的东西。不知道家长们是否想过,校园里由于人口密度大,孩子上下楼又比较集中,再加上活泼好动,是很容易在楼梯上发生危险的。

因此,这一点不得不引起家长们的重视。有这样一则报道:"2004年3月11日,山西省某初中一女生公寓楼因学生上下楼相互拥挤、踩踏,造成两名学生身亡、十几名学生受伤的恶性事故。"

面对让人触目惊心的案例,父母们需要采取什么措施来帮助孩子做到防患于未然呢?

2010年4月,某小学要组织春游,兴奋的孩子们下楼梯时莽莽撞撞,有几个孩子被上面力气大的孩子给撞到楼梯下面,致使身上多处受伤。

无独有偶,另一所小学的学生洋洋在课间休息时,被正在玩闹的同学撞了一下,从教室二楼楼梯栏杆直接摔了下来。

当时,让洋洋感到惊奇的是,自己居然没有"受伤",而且当时也没有老师在场,因而洋洋就没有去医院检查,只是周围看到这一状况的同学们将洋洋扶到了教室里,让他趴在课桌上休息。

可是,过了一会儿,洋洋一个劲儿说不舒服,这时候老师打电话将洋洋的父母叫来。随后,洋洋被送进了医院,而此时的他已经抽搐得很严重了。最后经过医生的奋力抢救,洋洋的症状才有所缓解,而结果是洋洋颅底骨折,并且会有外伤性脑癫痫后遗症。洋洋小小年纪就遭受如此大的身体创伤,导致洋洋的父母和老师,还有洋洋本人都伤心不已。

孩子就是"调皮猴",他们常常会在不该玩耍和打闹的地方肆意妄为,直到造成不良后果才悔不当初。更值得指出的是,一些家长也常常将上下楼梯的这一安全细节给忽略掉。

1.家长要对孩子进行上下楼梯的安全教育

课间休息、上下学时,楼梯上人的密度会很大,容易出现危险,因此家长应告诉孩子上下楼一定要扶着楼梯扶手慢行,如果有莽撞的孩子或者人太多的时候,就先等别人走过去之后,自己再走。另外,家长还要告诉孩子,不要在楼梯口或楼梯上玩闹,因为一不小心就容易滚下楼梯,造成身体的损伤。一旦出现危险,要立即告诉老师,让老师帮忙处理。

2.家长要教给孩子上下楼梯时的安全知识

开车要在马路右侧、走路也要走在右侧,这是基本的交通规则。上下楼梯也一样,同样有其特定的规则,家长们应教给孩子上下楼梯时的安全知识,为孩子能够平安出入教室做好预防。

①上下楼梯的时候不要东张西望,而应全神贯注、集中精力。

②要靠着楼梯的右边行走,和前面、后面的同学要保持适当的距离,不要紧挨着,也不要手牵手并排走,更不要跑跳和打闹。

③不要让上身探过楼梯扶手,更不要从栏杆上下滑。

要告诉孩子憋尿害处大

家长们或许都有过憋尿的经历，比如开会的时候、坐长途汽车旅行的时候，由于不方便去厕所，只能忍着，身体感到很不舒服。或许很多家长以为孩子不像大人这么"多事儿"，想撒尿就撒尿，其实不然，孩子同样会憋尿。

我们都知道憋尿对身体是有一定危害的，比如会引发尿道感染、导致腰痛等问题，孩子如果憋尿也会出现此类问题，如果孩子经常憋尿，那么就会出现尿道反复感染，后果是非常严重的。

为此，家长们一定要记得提醒孩子，想小便的时候千万不要憋着，要及时去卫生间"清理内存"。

案例一：

慧慧是个9岁的小姑娘，暑假里因为憋尿而引发了尿道感染，住进医院了。原来，慧慧每天一看电视就是好几个小时，中间不喝水，也不去厕所。每到晚上睡觉，想小便又不想耽误睡觉，索性就憋着。

就这样过了一段时间后，慧慧忽然发现小便的时候会疼痛，于是她更不愿意小便，便使劲儿憋着。到后来，发生了尿道感染，并出现了排尿困难、尿失禁等症状。

案例二：

上二年级的蒙蒙憋尿的情况很严重，有一次，学校组织看电影，看完电影后，蒙蒙想小便，可是又怕上厕所回来耽误了排队，于是就憋着，直到1个小时后回到学校，蒙蒙才急急忙忙去厕所。类似的情况时常发生，蒙蒙渐渐地就把憋尿当成了一种习惯，可是在一次不小心摔跤后，蒙蒙发生了膀胱破裂，住进了医院。医生表示，这个病在很大程度上是由于憋尿导致的。至此，蒙蒙才后悔不迭。

案例三：

一天，浩浩在课间的时候光顾着玩，没去小便，结果上课的时候实在熬不到下课，又不敢和老师提，憋得很难受，只好尿在裤子里。下课后，浩浩低着头慌忙逃出教室，准备回家，可是他尿湿的裤子被同学们看到了，一个劲儿嘲笑他。结果那天，由于天气寒冷，浩浩冻得浑身发抖，以致患了重感冒，只好去医院打针吃药。

憋尿将直接导致孩子出现相应的神经功能紊乱，从而导致一系列病症，不但为孩子自己带来痛苦，也会让家长担惊受怕，所以，我们应多叮嘱孩子及时排尿，不要发生像案例中3个小朋友那样的憋尿现象。

1.让孩子养成及时排尿的好习惯

①孩子的习惯往往是越小的时候越容易养成，所以，家长可在孩子还小的时候就有意识地提醒孩子有尿及时尿，有便及时排。

②孩子往往因为沉浸在某项活动中忘了排尿，这就需要家长及时提醒，或者为孩子规定好排尿时间，尽管孩子还没有强烈的便意，仍应该让他排尿。长此以往，孩子就会习惯成自然了。

2.告诉孩子，下课后要先去厕所，不要只顾着贪玩

孩子下课后，会兴奋地投入到课间活动中，从而忘记了排尿，可当上课铃响起的时候，才发觉有便意，而这时候去又来不及了，因此上下一节课的时候，孩子就会身体不适、坐立不安，也就无法集中精力听老师讲课，因此，父母要经常叮嘱孩子下课后先别顾了玩，而是先去厕所小便，上完厕所再回来玩。

洁身自好，避免交到"坏"朋友

家长们都知道"近朱者赤，近墨者黑"的道理，所以，为了我们的孩子能够如我们所期待的健康成长，我们都希望自己的孩子能和那些好孩子做朋友，使之在良好的朋友圈子里学到更多好的东西，但是，家长们却常常会苦恼孩子交朋友往往是凭着感觉走，让家长无从把握。

因此，家长们就开始担心孩子交到坏朋友而受到不良影响，阻碍孩子健康成长，于是，家长们就会强行阻止孩子结交那些自己认为不好的孩子，轻则用语言训斥，重则拳脚相加。可结果如何呢？往往是不但没有阻止孩子的这一交友行为，反而使得孩子更加反感和排斥。

如此看来，家长希望孩子结交好孩子做朋友、避免和坏孩子接触的初衷是好的，只不过在方式方法上还有待改善。

杨静是某小学四年级的女生，别看年纪不大，却是个很爱臭美的女孩子，平时总是描眉画眼的，穿着方面走的是"时髦路线"，社会上的女孩们流行穿什么，她就跟着穿什么。

老师和同学们对她的打扮议论纷纷，班主任还有几次找她谈话，希望她穿着朴素一点，遵循小学生应该具备的着装规范，可能是因为杨静的父亲是远近闻名的"富佬"，老师也不好说得太严厉，说过几次后不听，老师也就不勉强了。

不但如此，杨静平时还总和高年级男生一起打打闹闹，开一些不适合这个年龄的孩子开的玩笑。

一个周末的上午，杨静和几个由高年级男生和社会小青年组成的队伍相约去郊外爬山。

谁知,就在他们爬到山顶的时候,几个男生忽然对杨静动手动脚,口里还说着"小妞真性感啊"之类的话,弄得杨静一时慌了手脚,情急之下,开始骂几个男孩子耍流氓。

可是这个山坡上除了他们几个没有旁人,杨静的责骂除了引起几个男生的不屑和愤怒之外,毫无其他作用,最终,几个男孩子将杨静拉到一个隐蔽的地方,将其强暴了。

杨静的遭遇在很大程度上就是源于她交友不慎,而最根本的原因还是她自己不够自重,没有正确的审美观,吸收了一些和年龄不符的穿着打扮的方式和风格。

通过这一事例,家长们也可以得出教训,在孩子的成长过程中,一定须从日常的点滴着手,让孩子洁身自好。在此基础上,结交那些好孩子做朋友,而和那些坏孩子则应保持一定的距离。只有这样,才能保护自己。具体来讲,家长可从以下几个方面对孩子的交友行为进行引导:

1.从孩子还小的时候,家长就要告诉他,背心和裤衩盖着的身体部分不能让别人摸。等到了青春期的时候,要引导孩子充分认识自己的身体,不管什么情况都不允许任何人侵犯。

2.告诉孩子,不要单独和异性同学、朋友或者老师相处时间过长,不和异性一起看爱情片或"少儿不宜"的影像资料。

3.让孩子不要和陌生人搭讪,如果有人将脸和目光凑近,自己要立即远离。

4.不要顾及情面而隐藏自己遭受他人猥亵、骚扰等事。如果有人触摸了自己的隐秘部位,一定要报告父母或老师。

5.俗话说,"打铁还须自身硬",我们要引导孩子注意洁身自爱,着装不张扬、不暴露,行为有规矩,为自己树立一道安全防线。

6.让孩子不要单独行动,上下学或者外出活动都要结伴而行,如果学校有事或迟放学,应通知家长。

7.对于那些娱乐场所,诸如歌舞厅、游艺厅、台球厅等,都不要随意进人,尽量远离这些地方。

8.父母要在平时和孩子多谈论一下关于交友的问题,了解孩子的交友标准,一旦发现不妥当的地方,就给孩子指出来,帮孩子把握一定的交友原则。

9.家长要以身作则,发挥榜样作用。

户外安全

强化孩子在户外的安全意识

　　徜徉于广阔的天地，无忧无虑地放松童年的心情，这恐怕是孩子们最为开心的事情。尽管家长都会对孩子进行贴心的照料，但不可忽略的是，谁都无法保证，当身处家庭和校园之外的环境时不存在致命的威胁。说不定稍不注意，这些带给孩子快乐的地方就会变成最危险的所在，足以让孩子和家长遗憾终生。那么，在突如其来的危险面前，我们的孩子能够机智应对、保护自身的安全吗？

警惕陌生人，不要跟着"感觉"走

成年人之间相互接触都需要有一定的辨别力，看看这个人值不值得交往再进行定夺。可是孩子没有这方面的能力，他们可能会因为别人给的一点儿好吃的食物、几句诱人的话而认为对方是好人，便轻而易举地上套，跟着"感觉"走了。

现在有很多孩子丢失，其中一部分原因就是孩子对于陌生人的警觉力不强，容易上当受骗。为此，家长们有必要多引导孩子不要和陌生人说话，尤其是父母不在场的情况下更要提高警惕，无论对方说什么也不要相信。这样，才会将图谋不轨的坏人给吓跑。

前段时间，福建省福州市的很多家长都通过QQ群转发了一条消息，内容是某小学一名六年级学生在上学途中，碰到一个一直跟随着她的老太太，还一路和他说话，最后试图把她拽到一辆车上，但由于孩子机敏，得以顺利逃脱。

光天化日之下，竟然发生这样的事，听闻的家长无不胆战心惊。

某媒体记者对此事展开了调查采访，原来，这个孩子名叫小容，跟随外婆一起生活，由于学校离家很近，每天上学放学都不用接送。

可这天早上上学的路上，有个陌生的老太太跟上小容，先是问她读几年级，又问她书包重不重，就这样一路上和小容搭讪着。

小容说，当时她努力地快些走，可是她快，老太太就快，她慢，老太太就慢。走着走着，两个人走到一辆车子面前，老太太突然对她说："看你书包这么重，不如坐我的车，让我送你吧。"说着老太太便拽着小容的胳膊往车上推。

当时，小容吓坏了，她大声喊道："我不上车，我不认识你！"然后小容用尽全身的力气从老太太手里挣脱出来,快速跑开了。老太太一看没把小容拉上车,又听她这么大喊大叫,索性赶紧上车,开走了。

不少父母存在侥幸心理,认为这种不幸不会发生在自己孩子身上。也有的父母会担心,让孩子对陌生人如此设防,会不会影响孩子与人交往的能力?但是,我们奉劝有这样想法的家长,孩子的安全永远是第一位的,没有安全,就无所谓良好的成长、成功,所以,家长们千万不要觉得这是一件微不足道的小事,而应该高度重视起来。

1.有陌生人上前搭讪,要大喊"我不认识你"

那些不怀好意者诱骗孩子的方法常常是故意套近乎,比如说带孩子去吃什么好吃的、玩什么好玩的,或者有什么抽奖、游戏等活动。对于这样的引诱,孩子如果没有抵御能力,那么就会上坏人的当。我们应该告诉孩子,当遇到陌生人上前搭讪的情况后,要大声喊"我不认识你"!这样,坏人就会感到惊慌,因为他感觉到"这个小孩儿不好骗",同时更怕周围的人听到,所以便会溜之大吉。孩子不具有辨别好人与坏人的能力,坏人很容易就把孩子骗走了。

2.有陌生人故意搭话,要赶紧告知家长或老师

坏人除了会通过一些措施试图骗走孩子之外,还会通过暴力方式将孩子抢走,因此,家长要经常对孩子说,遇到陌生人要带走自己的时候不要惊慌,而应赶紧告知家长和老师。如果距离家长和老师都比较远,那么就先往人多的地方跑,将人贩子吓跑。

3.让孩子知道跟着坏人走的危害

平时在地铁里、马路上,或者电视中,常会遇到一些以乞讨为生的残疾儿童。这些孩子中,有一部分是被人贩子拐卖后致残,然后有组织地出来行乞。父母可以借助这些现象经常对孩子说,如果被人贩子抢走,很可能会遭受和他们一样悲惨的下场,而且永远都见不到爸爸妈妈了,这样一来,孩子就会产生更为强烈的警觉,也就更加清楚跟陌生人走的害处了。

你的孩子会识别手机诈骗吗

"我是你的老同学××呀,我现在路上出了交通事故要去医院,麻烦你赶快给我汇款过来,账号是……";"阿姨,我是你女儿的朋友,她出事了,快救救她吧!您赶紧往这个账号汇两万块钱……"类似这样的电话或短信,估计很多家长都接到过。可以说,骗子的手段五花八门,让一些鉴别能力和防范能力不强的人真假难辨,于是乖乖地听了对方的话,直到事后才明白原来自己遭遇了骗子,可是这时候已经为时已晚。

其实,骗子不光针对大人,他们利用现在手机普遍使用的现状,把矛头对准了年幼的孩子们。

那么,作为家长该如何防范呢?难不成为了躲避骗子不让孩子使用手机吗?

当然不是,孩子用手机可以方便和家长联系,对孩子和家长都有一定的好处,所以我们不排斥让孩子用手机,关键的是我们如何教会孩子正确使用手机,以防手机诈骗。

2009年9月的一天,家住北京市海淀区的一名学生露露接到邻居琳琳的电话,对方说自己的一个表姐明天要从老家安徽来北京旅游,表姐的职业是童星经纪人,她希望长相漂亮的露露能来和表姐见个面,见面地点就在某某酒店的一间客房内。

由于露露一直有当演员的想法,可是因为爸爸妈妈不同意,所以她也没有和演艺圈打交道的机会。这次,终于机会来了,露露开心不已,便爽快地答应了琳琳。

当天下午,露露又接到琳琳的电话,只听琳琳在电话里说,她的表姐在来京的路上出车祸了,伤势很严重,需要马上在当地医院接受治疗,可是因为表姐带的钱不够,而自己又在农村老家,没钱帮表姐,所以想让露露帮忙,希望露露先借给表姐 1000 元钱,说完,琳琳把表姐的银行账号告诉了露露。

露露是个热心肠的孩子,更何况这次是有可能帮自己踏上演艺之路的恩人有求于自己,所以,二话没说,露露就把自己平时攒下来的钱打到了琳琳告诉她的账号上。由于露露担心钱不够,还多汇了 500 元。

晚上的时候,露露想打个电话问问情况,结果琳琳的手机已经关机,之后又打了几次,一直关机。此时,露露觉得不对劲儿,她开始怀疑自己被骗了,于是,露露想跑到琳琳家去看个究竟,结果正遇上琳琳给她送刚采摘的樱桃,露露一下子愣住了,说:"你不是在农村老家吗?"琳琳很惊讶地说:"我一直在北京的家里啊,才没去老家呢!"

原来,给露露打电话骗钱的人冒充了琳琳,此时露露才知道自己真的被骗了。

也许让我们想象不到,现在骗子的手段无所不用其极,居然把骗钱的魔爪伸向了小孩子。事实上,利用手机或者短信来骗取钱物,是诈骗分子用网络或者其他渠道来窃取人们的相关信息,然后实施诈骗的新型犯罪手段,这对于一些成年人来说都真假难辨,那么对年幼无知的孩子来说就更是防不胜防了。

但是,在"魔高一尺"的现实中,如果能做到"道高一丈",如果平时家长能多对孩子进行相关教育,那么犯罪分子就不会轻易得逞了。

1.让孩子知道诈骗分子常用的手机骗局

诈骗分子往往先从心理上"抓住"人的神经,比如,您在××活动中中了一等奖,奖品是欧洲十日游,或者,您的家人遭遇车祸,需要费用紧急治疗,等等。家长应该告诉孩子,当接到这样的电话或者短信时,先冷静下来思考一下自己是不是参加过什么活动,或者自己的家人有没有遭遇车祸的可能。这时候,可以给家长打个电话,但一定不要轻易相信对方的话。

2.孩子应该掌握的使用手机的安全知识

作为家长,为了避免孩子上当受骗,我们一定要告诉孩子一些诈骗者的伎俩和预防措施。比如：

①当接到陌生人的来电或者短信时，一定不要轻易相信，如果能听出对方明显地"引诱"自己，那么就尽快挂断电话，即使接到的电话是熟悉的号码，如果是不熟悉的人拨打的，也一定先弄清对方的身份。

②提醒孩子警惕"响一声"电话。家长们常收到那种打一下就挂掉的电话，这种电话是引诱我们重拨回去。但是，当回拨过去的时候，我们可能会听到预设的语音，这种电话往往会高额收费，因此，我们要提醒孩子，对于这样的电话一定不要回拨，另外，最好帮孩子下载一个手机号码归属地的软件，当看到来电显示，确定自己不认识那个地区的人时，就没必要回拨过去了。

③如果没有逃过骗子的"魔法"，真的上当受骗了，那么就帮助孩子及时向公安机关报案，以争取把损失挽回。

教孩子不要随意泄露家庭信息

一些人非常注重个人隐私，而另一些人在这方面却做得不够。别说是孩子，即使一些成年人在这方面也缺乏防范意识，以至于不自觉地就把自己的家庭信息泄露出去。

为了防患于未然，我们应该告诉孩子，不要轻易向外人透露自己的家庭信息。同时，我们还要让孩子知道不这样做的原因是什么，因为有可能因自己的几句话，就会给家庭带来灾难。当孩子认识到这一点后，他们就会更深刻地知道透露家庭信息的危险性，当遇到这种情况时，也就懂得回避了。

2009年11月，刚刚放学的菲菲正走在路上，快到小区的时候，一个女士走上前问道："小朋友，请问××小区怎么走？"菲菲指了指前面，并说："就在前面，我家就在这个小区。"

这名女士又问菲菲:"这么巧,我也正好要去这个小区。你家住哪栋楼呢?"菲菲想都没想就告诉对方:"我家住25号楼2单元801室。"

对方一边走着一边和菲菲聊天,她接着问道:"那你爸爸妈妈现在都下班了吧?是不是在家做好吃的等着你呢?"菲菲说:"才不是呢,我爸爸妈妈离婚了,我跟爸爸生活,可爸爸总出差,这不,前几天又去香港了,要好多天才能回来呢,这些天是奶奶照顾我。"

第二天,菲菲上学走了之后,那位女士便来到菲菲家门前,敲响了门,菲菲的奶奶一开始很警觉,问了声"谁呀?"对方回答说:"我是您儿子单位的同事,我们单位发了一箱饮料,他不是出差去香港了嘛,我顺便给他带回来了。"

奶奶一听,便放松了警惕,将门打开了。

谁知,这个女子一进门便将菲菲的奶奶按倒在地,掐着她的脖子直至昏迷过去。然后,她就开始搜菲菲家值钱的东西,最后偷走了房间里的数码相机、笔记本电脑等物品。

仅仅是几句随口说出来的话,却被心怀鬼胎的窃贼记住,并利用已得知的信息而实施了盗窃。试想,如果菲菲的家长能早一些告诉孩子不要随意泄露家庭信息,那么很可能就不会有此悲剧了。

1.让孩子在陌生人的询问面前一问三不知

孩子是来自天堂的天使,他们的心是纯洁善良的,当遇到陌生人询问自家情况时,往往会一股脑儿地说个干净,生怕对方听不明白,这样往往就会给犯罪分子可乘之机,利用从孩子那里得到的信息对孩子的家庭实施诈骗、抢劫、盗窃等不法行为。

因此,家长们应该告诉孩子,一旦遇到陌生人对自己刨根问底,不管是家庭的信息还是个人的信息,都说"不知道",然后赶紧离开对方。

2.不要让孩子随意填写调查问卷,更不要填写家庭信息

有些犯罪分子利用所谓的调查问卷形式来套取人们的家庭信息,比如家中成员、从事职业、家庭住址、家庭电话,等等,家长应及早告诉孩子,这些活动中往往会存在安全隐患,所以填写家庭信息时一定要慎之又慎,如果自己不能确定是否安全,就不要填写。

3.要当心网络,填写个人资料要谨慎

现代网络的普及让孩子有了频繁接触网络的机会,其中有一些需要注册个人信息,填写的内容包括身份证号、家庭住址、联系电话等。对此,我们应该提醒孩子,不要随意注册账号,更不要随意填写家庭信息和个人信息,因为这样做是非常危险的,一旦被网络黑客或者骗子掌握了自己的家庭信息,那么很有可能进行盗窃或诈骗活动。

落入水井或窨井时如何自救

在我国农村地区,由于常有一些为农田浇水的水井或者废弃的枯井出现,而城市里则同样有一些污水井、管道井等。农村的水井大多没有井盖,孩子不小心的话,很容易摔进去,而城市里同样有没有井盖或者井盖不牢固的现象,如果孩子掉入井中,轻则磕碰,重则丢失性命,可以说危险巨大。

因此,为了孩子的生命安全与健康,为了避免我们的孩子落入井中或者一旦不小心落入而能想办法逃生,家长一定要重视起来。带孩子出去玩时,家长先熟悉一下周围环境,看看哪里有下水井、哪里的下水井盖没有盖。如果是去往不熟悉的环境,家长就不要让孩子离开自己太远,更不能让他们独自去玩。

据媒体报道,河北某地一名学生在一天下晚自习后,由于当日风大,刮得人睁不开眼睛,在他骑着自行车回家的路上,不小心骑向街上一口没有井盖的自来水窨井。

由于井盖不牢固,该学生的自行车前轮有一半滑入了井中,又因为冲击力过大,该男孩自己的整个身体也载入了井中。不过值得庆幸的是,由于他抓住了被卡在井盖上的自行车,才没有落入井中,只是受了点儿轻伤,腰扭了一下。随后,后面的行人见此情景,将他救了上来。

东北某地的一位小学生也发生过滑入井中的事。该学生所在学校离家较近,中午会步行回家吃饭,午休后再走着去学校,可是这天,他路过一个井盖时,不小心踩空了,人也掉到了井里。过了很久,他才被人发现,但此时的他已经昏迷不醒,不过好在井水不深,他抓住了井壁上的石头,才免遭不测。

一直以来,小孩子调入井中的事故时常见诸报端,其中有一部分原因是因为有人将井盖偷走牟取私利,导致有井无盖;另一方面是天黑,路上照明不好,导致孩子视线不清,误落井中;还有一部分是孩子本身年少无知,到井口边去玩耍或失足而落入井里。

无论是哪种原因,孩子落井都会造成不幸,甚至发生丧失性命的情况。为此,家长们应该让孩子时刻铭记远离水井,远离井盖。

1.时刻注意脚下的情况,做到远离水井,不走井盖

①不要为了好玩或者好奇,而到井边玩耍。

②对于常去的田间郊外或者常走的马路,一定要了解其情况,避免不慎落入井中。

2.万一出事,可采取的措施

①沉着镇定,不要慌张,相信会有人救自己。

②一旦落入枯井,要大声呼救,但需要注意的是,不能乱叫,为的是保存体力,只有叫声长而远,才能引起周围路过的人的注意。

③当掉入水井中,尽量扶住井壁,或者抓住一块木板,想办法别让自己沉下去,然后呼救求援,并鼓励自己,绝不轻易放弃求生的希望,等待救援。

掉入冰窟窿的自救与预防

我国北方地区,每到冬天,河面上便会结上厚厚的冰,孩子们会在上面滑冰,以获得玩耍的乐趣,可是,孩子们往往对于地形不熟悉,也不了解冰层的厚度,因此常出现冰层断裂落水而人跟着掉进冰窟窿的事情。

对于这样的情况,恐怕家长们都不敢想象,对于落入冰窟窿的孩子来讲,被偌大的冰面覆盖着,只有一小块可以和外界接触的地方,而且刺骨的水把身体冻得极其痛苦,即便是个会游泳的孩子也会因为难以逃生而丧命,所以,"冰窟是魔鬼"这样的说法一点儿也不奇怪。而要想让孩子避免遭此伤害,家长们还需教给孩子一些预防和自救的措施。

一位名叫南南的小朋友跟随父母从南方搬到了东北地区的牡丹江市居住,从来没见过真冰和大雪的南南对北国的冬天感到十分好奇。

入冬不久,南南居住小区附近的一处水面上结了一层冰,他便迫不及待地就要上冰面上玩。和他一起玩耍的同伴都说现在冰层太薄,还不能滑冰,等到"三九"的时候就可以了,可是南南没有听从大家的劝告,自己悄悄地跑到河边,走上了冰面。

让他没想到的是,头两步还没什么问题,可刚走出两三米,就听到脚下的冰面发出"咔咔"的声响,顿时,南南吓坏了,心想,这就是伙伴们所说的不结实的冰面吧,于是,他赶紧往回退,可是已经来不及了,只听"哗啦"一声,他脚下的冰层断裂了一大片,南南一下子掉入了冰冷的水中。

南南带着强烈的求生欲望努力爬上旁边的冰层,可是刚爬上去,就又听到"哗"的一声,冰面又塌下一大片,他只得再次掉入水中。

此时的南南着急了,他急忙呼救。幸好,同伴们在离他不远的地方,听到喊声后急忙过来,并从河边找了一根木头作为杆子,将南南拉上了岸。经过这次"考验",南南再也不敢轻易滑冰了。

冰面对于孩子们来讲的确是十分诱人的户外玩乐场所,可是别忘了冰面下就是刺骨的冷水,一旦掉进去,不但要饱受寒冷的侵袭,还会因为找不到出口而丢失性命。

可是,孩子总是那么让人揪心,他们往往顾及不到是否安全,只贪图一时好玩而走上冰面,最终发生其意料之外的不幸,因此,父母们应在平时多给孩子灌输这方面的安全知识,让孩子不要随意去冰面上玩耍,如果一定要去,也最好由父母陪着。当然,父母们还有必要告诉孩子一旦掉入冰窟窿的逃生办法,说不定什么时候能够用得到呢。

1.了解情况,避免掉入

如果一定要上冰面上玩耍,一定要先敲击一下冰层,凭手感检测一下冰层的冻结厚度是否可架得住人、是活水还是死水。如果自己不会判断,那么就看一看是否有人在冰面上玩耍,或者找有经验的长者帮着检测一下是否可以架得住人。

2.不要单独行动,最好结伴而行

如果自己单独行动,一旦发生不测,将很难寻求救援,所以,家长们应告诉孩子,即使去认为非常牢固的冰面上玩耍,也要找几个伙伴一起去,发生了事时可以相互照应,便于营救。

3.如果掉入冰窟,该怎么办

①如果在结冰较厚的地方落入水中,那么要牢记掉下去的口,不要在水下再找其他出口,以免延时出危险。

②以最快的速度爬上冰面,以防冻麻木而不能自控。

③双脚要用踩水的姿势站立,寻找可以承受体重的冰面,爬上冰面,滚向岸边。

④如果冰层较薄,那么就用拳头打碎身前的薄冰,直到靠近较厚的冰层再往上爬。

⑤万一冰面再断裂,要一往无前,爬上冰面,滚向岸边。

⑥在冰口上面的人要向水下的人垂下绳子、长木杆、梯子等物取得呼应,拉上落水者。

⑦落水者安全上岸后,要立即藏身取暖,擦净身子,不断活动,及早换上干衣。

别把建筑工地当做游乐场

不管是城市还是乡村,建筑工地都是常会出现在我们身边的事物。看着一栋栋高楼大厦在建筑工人的手里一点点成型,的确是件让人兴奋和欣喜的事。可是,家长们可不要忽略了,建筑工地可是个危险的所在地,那里不仅有砖瓦石料等建筑材料,还有塔吊、水泥车等庞然大物,被其中任何一个砸到或者碰到,小则受伤,大则送命。

所以,即使你的孩子对于建筑工地非常好奇,很喜欢去那里"观摩",也不要答应他。不但如此,还要提前多打"预防针",让"建筑工地很危险"这一概念深入孩子的意识,这样,不但孩子小的时候会有意识地远离,即使在他大了之后,也会望之生畏,不会随意靠近。

曾有媒体报道过这样一起孩子在建筑工地玩耍被砸伤的事故。

一个名叫钦钦的8岁男孩,从小就喜欢各种车辆,每次看到建筑工地上的车都会驻足观望一会儿,似乎觉得那个大家伙无比神气似的。

这一天,趁着父母睡午觉,钦钦便偷偷溜到小区里正在建设的第三期楼盘的工地上玩。建筑工人们中午不休息,忙得热火朝天的,其中一个工人叔叔看到钦钦,还提醒了他一句,让他离远点儿,可钦钦深深地被工地上的铲车给吸引了,目不转睛地盯着看。

谁知，铲车上忽然掉下一块小碎石子，正好落到钦钦的头上，由于从高处落下所带来的较大冲击力，钦钦的头顿时就被砸破了，流出了血。

幸亏有工人听到孩子哭声后赶紧跑过来，抱着钦钦去了离工地不远处的一家医院。

钦钦出于好奇到建筑工地玩，结果被小石子砸头受了伤。试想，如果落下的是一块大石头或者大砖头，那么钦钦的小命是不是就没了？看得出，钦钦的父母在这方面对孩子进行的教育远远不够，孩子对于建筑工地的危险性没有足够的认识，因此，要想让孩子避免出现危险，家长对孩子多进行关于建筑工地危险性的思想灌输是很有必要的。

1.让孩子知道建筑工地藏着很多危险

当建筑工地各种机器轰轰作响、各种车辆进进出出，对于很多孩子，尤其是一些小男孩来讲是个不小的诱惑，可是，他们并不清楚其中隐藏的安全隐患。比如，各种机械如挖土机、搅拌机、起重机等，一旦蹭上，后果就不堪设想；还有钢筋、碎砖头等到处都是，同样危险重重。家长在平时可将这些告诉孩子，让孩子对建筑工地的危险性有一个比较明确的认识，这样，他就不会因为贪恋好玩而跑到工地去，从而也就避免了很多危险的发生。

2.玩耍打闹时，要远离建筑工地

建筑工地有围墙，有成堆的砖瓦，对于年幼无知的孩子来讲，这些简直就是个现成的捉迷藏的地方。为此，有一些小朋友喜欢到工地打闹着玩或者做游戏，可是，这样很可能会被绊倒、擦伤、扎伤等，甚至会因为一不小心而丧失性命，因此我们要叮嘱孩子远离建筑工地，眼睛别盯着工地上频频闪烁的电焊的火花，因为它的火花含有高强度的紫外线，很容易灼伤眼睛。

3.全副"武装"，带孩子到建筑工地看看

前面我们提到，建筑工地对于好奇心重的孩子来讲充满了极大的诱惑力。很多时候，家长只是单纯地告诉孩子远离建筑工地，不一定能起到什么作用。家长可以带孩子到工地实地参观，当然最好选择工地停工的时候。在进入工地之前要戴好安全帽，穿轻便的鞋子，给孩子讲解那些他们很想了解的东西，这样，既可以满足孩子的好奇心，也让孩子知道了建筑工地的"神秘"所在。那么下次，当他再经过工地时，应该就不会再去探险了。

让孩子远离容易爆炸的物品

2012年5月16日，浙江省台州市某村子的4个孩子用打火机引燃烟花和鞭炮玩耍，导致身体被炸伤。

2011年11月14日，西安某国际大厦爆炸，多名上学孩子被炸伤。

另有一位女士介绍，2012年春节期间，她的儿子在马路上行走时，被小孩放的雷鸣炮炸伤，在医院缝合了12针，住院18天。

诸如此类的事件总会像春日的响雷一样刺激着我们的耳膜神经，让我们的心随之震颤和不安。每一位家长都希望自己的孩子永远不要遭此不幸，而是永远平平安安。

那么，怎样才能做到这一点呢？其实，只要家长肯下一些工夫，在陪伴孩子成长的过程中多一些教育和引导，孩子还是会把遭遇危险的可能性降到最低的。

2012年5月16日下午2点05分，浙江省台州市某医院烧伤科的一个病房里，一个小姑娘的哭喊声穿透了整个走廊。

此时，这个哭得撕心裂肺的小姑娘正痛苦地挥舞着被纱布包裹着的手。

一位记者采访时发现，女孩的脸部紧绷，脸颊上有水泡，烧伤后出现水肿，正在为小女孩剪去破碎上衣的护士说："小女孩才3周岁。"旁边躺着小女孩10岁的姐姐，叫月月（化名）。月月的烧伤程度和妹妹差不多，眉毛已被烧光，额头上的刘海烧得只剩下一点。除了两个女孩外，旁边还有两个小男孩，一个面部烧伤，叫小华（化名），今年10岁，另一个是他8岁的弟弟小松

（化名），4个孩子中，只有他幸免于难。

在叙述受伤的经过时，孩子们从并不完整的记忆里搜寻着当时的情景，孩子们说是自己玩鞭炮时被炸伤的，另有一个孩子说："是哥哥从厨房拿的打火机。"

据该医院的主治医师介绍，其中两个女孩全身的烧伤面积在10%以上，由于烧伤面积很大，伤势严重，有生命危险。

像鞭炮之类容易爆炸的物品本身就具有很强的危险性，尤其对于年少无知的小孩子来讲，更是容易出事。上面案例中，几个孩子由于不慎点燃了鞭炮而炸伤了身体，在带给我们痛惜的同时，更让我们警醒如何让我们的孩子避免类似的伤害，如何能还给孩子一个安全的童年。

作为家长，如果平时多对孩子进行一些这方面的教育，那么悲剧或许就会远离他们。

1.告诉孩子别玩易燃易爆物品

从孩子还小的时候，家长就应该告诉他，要远离易燃易爆物品，因为这些物品很危险，会让人受伤和失去性命。可能很多长大一些的男孩，由于好奇心太强，就很想玩一玩诸如鞭炮一类的易爆物，那么，家长除了告诉孩子这些东西的危险性之外，还可以用事实说话，比如给孩子讲一下相关的事故，或者让孩子参加一下类似的展览活动、看一些相关的图片，让孩子从中感受到"威慑"，自然会因对易燃易爆物品产生"敬畏"心理而远离。

2.家长需要教给孩子的安全知识

像烟花爆竹类的易燃易爆物品也不是绝对不允许孩子玩的，只是需要在玩的过程中，家长多给一些指导，让孩子玩得正确、玩得安全。

①如果孩子要玩烟花爆竹，那么家长要亲自指导和带领，告诉孩子怎么玩、需要注意哪些问题等。

②孩子出于好奇，对于发生爆炸的危险区域可能会感兴趣，那么家长一定要告诉孩子，当发现有爆炸危险的区域时，一定不要上前围观，而应马上远离现场。

③一旦发生爆炸,要赶紧让后背对着爆炸的方向,并赶快趴在地上捂住耳朵,张开嘴巴。如果附近有低洼处或者物体,那么就躲在这些地方以保护自身安全。

见到打斗场面,不要被好奇心"拽走"

在大人眼里,很多潜藏着危险的时刻在孩子看来却纯属好玩,一点忧患意识都没有。这也不能怪孩子,谁让他们对这个世界处处充满了兴趣呢!很多小朋友遇到打斗场面,不仅不害怕,还会被好奇心"拽"着走,非要看个究竟不可。

殊不知,这样做有可能导致身心双重伤害。这是因为别人打斗有可能没轻没重,也更不会顾及周围的人,如此便会伤及观看者;另一方面,打斗过程中的暴力行为以及可能导致的头破血流等现象,也会对孩子的心理造成不利影响。

所以,我们一定得嘱咐自己的孩子,看到别人打架,不要上前观望,有可能的话,可以报告给老师,或者打110报警,总之永远都不要忘了:安全第一!

一天,坚坚放学后,走在路上的时候,看到马路一侧某超市门前有人在吵架,出于好奇心便过去观看。由于看热闹的人比较多,10岁的坚坚个头小,看不清里面的情景,便使劲儿挤到人群里去。

原来,是一个卖西瓜的摊贩和顾客打起来了,两个人各说各的理,吵得气势汹汹,吵着吵着,两个人就动起手来,坚坚越看越觉得好玩,心想,这可比看武打片刺激多了。可是,正在他津津有味地观看人家打架时,却因为躲闪不及而被人踩了一脚,坚坚连忙弯腰摸脚,结果又被人们给挤倒了,好不容易才爬起来,可是手和脚却都受伤了。

还有一个孩子也是因为看别人打架而受伤,甚至差点送命:

9岁的点点有一次在小区门口玩的时候,见到一辆轿车开得过猛而差点撞到路边正站着的人。站着的人开始大骂那个车主,而车主也不想让,走下车来就和对方对骂起来,骂着骂着便开始抡拳头,而看热闹的点点因为靠得太前而被其中一人的拳头扫上了脸,顿时鼻孔便留下血来。

可以断定,不管是事例中的坚坚还是点点,他们在此之前估计都没有从爸爸妈妈那里受到不要观看打架的教育,不然,他们又怎么会因为好奇而不顾安危呢?

如果你的孩子也有这方面的"嗜好",那么,你应该在平时教育孩子的过程中多给他讲一讲打架的坏处和看打架的坏处。如果在路上遇到有人打架,家长也要领着孩子绕行,而不要挤到前面凑热闹。

1.让孩子知道观看打斗场面的危险性

我们中国人一向讲究"君子动手不动口",可是这只不过是一种理想的状态罢了,总会有那么一些人崇尚用暴力解决问题。我们无法改变这种局面,但我们为了保护孩子,却可以做到让他们远离打斗场面。我们要告诉孩子,遇到打斗场面不要观看,否则会连累自己,不但身体可能会受伤,而且心理也会因此而产生阴影。

2..避免孩子接触带有凶杀暴力的影像资料

孩子的安全意识不强,看到打斗场面时,或许就会联想到电视电影中的打斗,在他们看来,这似乎是一个值得人们津津有味观赏的画面,殊不知,现实中的情况却和影像中的大不一样,我们要让孩子知道,并不是不参与就能保证安全,要想真正安全,还一定须离打斗场面远远的。

高压危险,宝贝远离

对于电的危险性,父母们大都会记得告诉孩子不要动电源插座、不要用湿着的手去接触电源插头等,但是还有一种和电有关的东西同样具有极大的危险性,这就是高压变电设备。

不管是马路边还是公园里,抑或地铁上,我们都经常会看到一个带有类似闪电形状的金属箱,上面往往还有几个字——"高压危险",这就是我们上面所说的变电设备,具有极强的危险性。当我们路过这种设备时,要提醒孩子:"宝贝,这里面是电,非常非常的厉害,如果被它伤到,你的手脚会被电成黑色,而且你将永远见不到爸爸妈妈了。"

2011年夏天,在一个电闪雷鸣的周末午后,小雨不听父母劝告,非要去奶奶家玩。小雨的爸爸妈妈拗不过儿子,只好答应,可是,当小雨和妈妈走到马路边的时候,突然一个闪电闪了一下,紧接着便是一声轰隆隆的雷声,随之而来的便是离他们100多米之外的高压塔上掉落有高压线,冒着火花,火花周围的土地立马变得焦黑。小雨顿时就吓坏了,她这才跟妈妈说,我们还是别去奶奶家了,万一被高压线电着,那可就危险了。

11岁的烁烁也被高压线伤着。一次,他到家门口和小伙伴玩耍,为了和伙伴玩"捉迷藏"的游戏,烁烁便爬上了旁边的配电室的房顶。

就在他正为自己躲得隐蔽而庆幸的时候,一不小心碰到了配电室上面的裸线,不由得惨叫一声,栽倒在配电室屋顶。当其他小伙伴听到这声惨叫,赶紧叫来了大人,而此时烁烁的身体已经四肢焦黑了。

虽然高压变电设备并不像每家每户常用的电器设备那样随处可见,但它的危险性却同样很大,丝毫忽视不得。为了让孩子注意并形成自觉远离这些高压设备的意识,家长在带孩子出门时,但凡看到这样的设备就要及时地给孩子灌输其危险性,让孩子知道这些东西一旦触及,轻则重伤,重则送命,这样,孩子就会在家长的教育和引导下形成潜在的意识,让自己远离高压设备,保护自身的安全。

1.不要去踩踏"电老虎"

有些高压变电设备由于防护不到位或者检修不及时,可能会存在电线掉落等现象,因此,家长们要告诉孩子,对于这些看起来一动不动的线一定不要麻痹大意,千万别用脚去踩,因为它们看着"老实",如果被踩到的话,就好比老虎的屁股——摸不得,一接触便会带来很大危险。

2.变电站附近的空气里有毒

其实,除了前面我们所指出的危险,高压变电设施还对人体有一定的辐射,这一点可算作是另一种危险。专家指出,变压器、高压输电铁塔、高压变电站周围有电磁辐射污染,会影响人体健康,易诱发儿童白血病、儿童智力残缺等。事实上,孩子一般都不懂得什么是电磁辐射,那么家长就可以将此比喻成"毒素",它和其他物品中的毒素是类似的,虽然看不到,但只要接近就会让身体中毒,这样,孩子就会形成一种意识——这个东西有毒,不要靠近要远离。

3.打雷的时候,远离高压变电设备

一般情况下,高压输电塔高达几十米,容易被雷电击中,容易发生短路而引发火灾,因此,家长应告诉孩子,雷雨天的时候更要离高压设备远一些,避免被击伤或者烧伤。

第四章

交通安全

给孩子系好交通"安全带"

车来车往，人来人往，现代生活在为人们创造了便利的同时，也带来了拥挤不堪、熙熙攘攘。在这样的环境里，我们的孩子能够安全地过马路、乘公交、下天桥、坐火车吗？诚然，为了保护孩子的安全，家长们每天都小心翼翼，但是仍有一些因交通安全问题带来的事故时有发生。当看到正处于鲜花一般年纪的孩子被没有系好的交通"安全带"夺走健全、健康的身体甚至是幼小的生命时，我们的心是沉痛的。那么，为了避免此类悲剧在自己身上上演，作为家长，就该从现在开始教给孩子一些交通方面的知识。

过马路时应该注意的问题

"红灯停,绿灯行,黄灯亮了要慢行。左瞧瞧,右看看,一定要走斑马线"。这是一首朗朗上口的"交通"儿歌。

事实上,很多孩子缺乏交通安全意识,过马路的时候,不管三七二十一就硬闯、乱窜。如果不遵守交通规则,那么很可能会酿成事故,让自己被车辆撞伤,甚至丢失稚嫩的生命。

其实,儿歌里所体现的正是我们每个人都要遵守的最基本的交通规则。红灯亮的时候,必须要停下来,等绿灯亮的时候再通过,如果是黄灯亮了,那么已经向马路对面走着的人可以继续前行,如果还没开始走的话,就不要过了。

当然,我们在教育孩子的时候还要告诉他们,即使是绿灯时过马路,也要看看左右两边的车辆,以防那些无视交通规则的行人或车辆撞上自己。

案例一:2003 年 7 月 8 日 15 时 30 分,家住河南省漯河市召陵区某镇的一对夫妇之子 6 岁的田虎钻过高速公路 146 公里处的隔离防护铁丝网上的一个破洞,在高速公路上玩耍,被车撞倒,当场身亡。

案例二:2010 年 6 月 2 日,北京市石景山区一位名叫小强(化名)的男孩和爸爸手牵手走在路上,正准备回家吃饭。就在他们要过马路的时候,小强突然看见马路对面的妈妈。随后,小强挣脱开爸爸的手,向马路对面跑去。可是,小强刚迈出几步,就被从后面驶来的一辆奥迪轿车撞飞,小强当场身亡。

案例三:2011 年 2 月,家住毕节市某镇的杨国光致电某报社称,他年仅 7 岁的孩子杨余在放学回家途中被一辆逆行的拖拉机撞伤,导致孩子左腿肌肉大面积损伤,伤势极其严重。肇事司机把孩子送到医院后,以外出筹借医疗费为由,一去不复返。

我国是一个交通事故多发国,平均每天约有 300 人在交通事故中丧生。

据交管部门的统计数据显示,儿童交通事故一般发生在步行、骑车和乘车时，其中,5 岁至 9 岁的儿童多发步行事故,10 到 12 岁的儿童多发骑车事故。儿童事故中,约有半数是因儿童自身违反交通规则引起的,5 岁至 9 岁的步行儿童是交通事故伤害的主要人群，中午和下午放学时段是事故的高发时段。

看到这一系列惊人的数字,相信家长不可能无动于衷。可以说,无数孩子用生命诠释了遵守交通规则的重要性。作为家长,我们极有必要承担起教育孩子安全过马路的责任,要让孩子严格遵守交通规则,否则将可能换来血的教训。

1.培养孩子的安全意识

孩子的天性活泼好动,自我约束能力较差,容易不遵守交通规则,这就需要父母培养孩子的自我保护意识,让孩子免于发生交通意外。

①家长要告诉孩子,过马路时一定要走斑马线,不要在街道上、马路上踢球、滑旱冰、追逐打闹,等等。

②如果孩子骑自行车上学放学,那么家长有必要提醒孩子注意遵守交通规则,不要骑车带人,注意靠右侧行驶,不要在机动车道上行驶。

③让孩子知道,翻越栏杆或者隔离带都是非常危险的事情,更不能横穿高速公路。

2.父母带着孩子过马路同样需要注意的几点问题

不要以为父母牵着孩子的手就万事大吉了,如果不注意,照样会引起危险。在此,我们提醒家长们几点:

①如果自己要过的马路没有人行横道,一定要确保路面上没有临近车辆。

②有过街天桥或地下通道的,须走过街天桥或地下通道。

③如果马路对面有熟人、朋友呼唤,或者走到马路中间时遇到熟人,千万不要贸然行事,以免发生意外。

3.教孩子认识几种重要的交通标志

我们常会发现,公交站台、地铁站、马路上常有红黄蓝 3 种颜色的交通标志,那么,它们分别代表的是什么意思呢?

①红色系的为禁止标志,表示禁止或限制车辆、行人交通行为的标志。作为家长,一定要告诉孩子并让孩子牢牢记住,一个小黑人身上画一道红杠的是禁止行人通行的意思。如果孩子看到了该标志却不明白标志的意义,那么就不会停下来,这样就难免会发生意外了。

②黄色系的为警告标志,它们是用来警告车辆和行人注意危险地点的标志。为了便于孩子记住,家长可以手工制作几张彩色的交通标志卡片,时不时拿出来教孩子辨认,并让孩子说出它们所代表的意义,这样会更有利于孩子加深记忆和增强理解。

③蓝色系的为指示标志,它们是指示车辆、行人行进的标志。特别是人行横道标志,家长一定要让孩子记牢固,不要发生孩子因为找不到人行横道而焦虑、哭泣的情况。

如何保证孩子骑自行车安全

我国交通法规定:未满12周岁的儿童不能在道路上骑自行车、三轮车。一般来说,小学阶段低年级的同学都达不到这个年龄标准,但有的家长却因为不了解这一点而允许不到12岁的孩子到马路上骑车,这样做是非常危险的,也是不遵守交通法规的。而那些高年级的同学,骑车技术娴熟,仗着自己一股子初生牛犊不怕虎的劲头,时不时会上演"飙车大赛",或者与同学勾肩搭背"并驾齐驱",殊不知这样做有多危险,轻则车歪人倒,重则被机动车撞到而导致生命不保。

我们知道,自行车是一种非常实用的代步工具,操作起来也非常简单,但是如果家长没有对孩子进行这方面的安全教育,那么很可能会导致孩子受伤。所以说,面对孩子的肆意和疯狂,家长们就要多做一些功课了。

在成都某小学读四年级的奔奔一个多月前学会了骑自行车,自从学会之后,奔奔一有机会就骑,而且自认为车技不错,骑起来总是故意七扭八拐。

一天放学后,奔奔和几个同班同学相约到马路上进行一场飙车比赛。可就在他们骑得意兴盎然的时候,后面开来了一辆拉着钢材的大货车,奔奔和伙伴们想办法躲闪,可是由于慌张,几个人撞到了一起,顿时都摔倒在地,奔奔被一辆自行车压在了地上,腿部严重扭伤,其他几个孩子也有不同程度的擦伤和摔伤。

"骑车避免上马路,不许撒把与攀扶。打闹追逐危险多,人多转弯要减速。"这首骑车安全歌出自中国人民公安大学教授王大伟先生之口。家长们在教育孩子安全骑车时,不妨多在孩子耳边说说这几句话,最好让孩子自己背过。这样孩子骑自行车的时候,就会给自己一些"提示"了。

此外,作为父母,我们还要多让孩子懂得一些骑自行车的安全知识,现在就来分享一下。

1.转弯前慢行,并伸手示意后面的车辆

一些孩子骑车就跟赛跑似的,恨不得自己永远做领头的那一个,于是速度就非常快,到拐弯的时候也不减速,如果后面恰巧有一辆正常行驶的汽车或者自行车等,那么就会很容易撞上,因此,家长一定要告诫孩子,骑车拐弯时尤其要放慢速度,并伸出一只手示意后面的车辆,这样就会引起对方注意,减速让行,危险也就不会发生了。一般来说,伸手的原则是向左拐就伸左手,向右拐就伸右手。

2.人需要体检,自行车也需要安检

为了及早预防和治疗疾病,作为人的我们通常会定时体检。其实自行车也一样,它也需要做"体检",我们称之为安检,这就要求家长记得适时地提醒孩子,如果发现自行车的"病情",那么就赶紧给它治"病",等好了再骑。

3.让孩子做到"八不要"

孩子骑车除了追求速度、追求潇洒的酷之外,其他因素往往考虑得少,甚至不考虑,这就要求父母须高度重视孩子的安全骑车,不要等到发生危险再悔不当初。为了保证孩子骑车安全,家长要经常向孩子灌输骑车"八不要"的理念:①骑车时不要双手撒把;②不在道路上追赶,比赛车速、车技;③不和同学们并排骑车;④不带人骑车;⑤不要一边听音乐一边骑车;⑥不闯红灯;⑦不上机动车道;⑧不要骑车时打伞。

你的孩子会乘坐公共汽车吗

看到这个题目,家长们或许会惊讶,什么?乘坐公共汽车有什么难的呢,不就是等车进站、上车下车这么简单嘛,我的孩子肯定没问题啊!

对于这样的家长,我们只能说,您过于大意了,不妨看看媒体上经常报道的那些孩子乘坐公交车发生事故的报道,或许能让您警觉起来。

例如,有媒体曾报道,北京市某小学的六年级学生明明在乘坐公交车时,由于和同学说笑打闹,当汽车经过一处正在维修的马路时猛地一颠,明明一下子摔倒在车厢里,身体被摔伤。

还有,广州某小学五年级小学生皮皮乘坐公交车时,因为嫌车内闷热,就把左胳膊伸到车窗外边,结果被从对面驶来的一辆汽车擦伤,造成手臂粉碎性骨折。

这样的教训还不够惨痛吗?所以说,家长们不要以为孩子乘坐公共汽车就毫无安全隐患了,如果想让自己的孩子健康平安地来往于家和学校之间,我们还是很有必要告诉孩子安全乘车的注意事项。

周末的一天,10岁的澄澄非要一个人乘坐公交车去几公里之外的姥姥家,爸爸妈妈也没有阻止,只是嘱咐他注意安全。澄澄顺利地上了车,只是车上人太多了,挤得澄澄只有一小块地方容身。又是一站到了,下去的人总是没有上来的人多,车厢里更挤了。这时候,只听售票员说道:"请乘客们往里走一走,现在人多拥挤,别堵在门口,顺便请大家看管好自己的财物。"

其实,这是售票员们常用的一种暗示语,她是在提醒大家,有可疑人员上车了,大家不要被贼盯上,可是,年幼的澄澄哪知道这些呀!他也没有丝毫警觉,继续站在人群中熬着。

直到下车之后,澄澄才发现,原来自己的背包被拉开了一半,里面的钱包也不见了。澄澄将乘车过程对家长说完后,他才知道是自己的疏忽大意让自己丢失了钱包。

还有一个案例,涉及乘车安全问题:

9岁的蓁蓁每天都是乘公交车上学放学。一天放学后,她正一边吃着"日本豆"一边和同伴说说笑笑,可没想到,司机突然来了个急刹车,蓁蓁猛地往前一扑,还没来得及嚼碎的"日本豆"被咽了下去,结果意外发生了,蓁蓁的喉咙和食道黏膜被划伤,治疗了一个星期之后才恢复。

现在在一些大城市,公共交通发展迅速,很多孩子都会自己乘坐公共汽车上学放学。尽管如此,有很多家长在这方面却没有引起足够的重视。为了孩子的人身安全和健康成长,家长们一定要给孩子进行必要的安全乘车的知识教育,否则,当孩子日复一日地乘坐公共汽车时,发生危险的可能性就会非常大了。

1.公交车进站时,不要随车奔跑或抢上抢下

每天上下班高峰期,车站拥挤的人流成了大城市里的一道风景。公交车进站时,人们为了能挤上车,常常跟着汽车跑一段,但是,我们必须制止孩子这样做,因为他们随车奔跑,很可能会被绊倒、被大人踩伤。

父母还要提醒孩子,他们的体力与成年人比相差悬殊,在拥挤上车的过程中很容易被成人挤倒或者挤伤。要告诉他们,必须等汽车停稳后再上车。上下车时不参与拥挤,按顺序上下车。

2.不要在公交车上吃东西

在汽车行驶的过程中,遇到路面颠簸或者司机急刹车时,孩子如果正在吃东西,很容易被呛住、噎住或者使喉咙、食道受伤。要让孩子养成良好的乘坐习惯,坐车不吃东西。如果肚子实在饿,可以在上车之前或者下车之后吃。

3.不要让孩子把头和手伸出车窗

孩子们的安全乘车意识非常淡薄,他们坐车时会忍不住把头和手伸出车窗。父母一定要告诉他们,这样做是非常危险的,因为当孩子把身体的某一部分伸出车窗时,很可能会被路边的树枝划伤,也可能会被从对面开来的汽车的反光镜刮伤。要告诉你的孩子:"乘车时,要用双手扶住前排座位的后背,这样才不会受伤。"

4.没有座位时不要站在车门边

有些孩子上车后没有找到座位,便站在车门边,家长一定要告诉孩子,这样乘车其实很危险,因为当汽车紧急刹车时,孩子很容易摔倒。当车门突然打开时,孩子也有可能被甩出车外。孩子们应该站在车子的中间部位,抓紧车上的扶手。

乘坐地铁时应遵守的安全法则

对于北京、上海等一些大城市来说,地铁已经成为较为普遍和便捷的交通工具,地铁因为有单一路网而不会使人们因为发生堵车而产生郁闷,又由于是轨道列车而行驶稳当,因此成为很多人的选择。

但是,地铁并没有足够的安全设施,特别是地铁所处地下封闭空间,如果遇到紧急情况,应对起来就比路面交通麻烦很多。那么,我们的孩子能够正确地乘坐地铁吗?当遇到突发事件,他们能冷静而正确地对待吗?

案例一:2011 年 9 月,上海地铁 10 号线因设备发生故障,在豫园往老西门方向的区间隧道内发生了 5 号车追尾 16 号车的事故,造成 271 名人受伤,其中有 61 人住院治疗。

案例二:2011 年 7 月的一天,北京地铁 4 号线动物园站一部自动扶梯发生溜梯事故,造成 1 名少年死亡、20 余名乘客受伤。其中,有一位十多岁的女孩头部 3 处受伤,整个脑袋都肿得不像样。据其母亲透露,她每天都搂着女儿睡觉,孩子每天会做噩梦,梦见自己从山崖上滚下来,或者梦见自己从电梯上滚下来。

案例三:上海某区一所小学的学生小玉为了尽快赶到学校,在进站后便一路小跑着蹿下地铁的阶梯。可是,由于她太慌忙了,不按顺序排队,也没去候车室,而是直接冲着正开过来的列车车门。这时候,列车车头刚刚进入展台,还没有停稳开门,只听"砰"地一声,原来是小玉撞到了列车车门上,脸上被擦出好几道划痕,而且还红肿得厉害,只好去医院接受诊治。

上面的几个案例,不管是由于地铁本身的设施故障,还是事故本人乘坐地铁时不遵守规则,最终造成的伤害都值得我们引以为戒。与乘坐别的交通工具一样,坐地铁也要遵守交通规则,否则很容易在拥挤的人群中受伤,甚至丢掉性命。

对于客观的因素,我们控制不了,但是在我们自己可控范围内的东西,还是有必要好好掌握的,这样才会让我们的孩子和我们自己都能够相对安全地乘坐地铁这一便捷的交通工具。那么,为了让我们的孩子做到这一点,家长们就有必要进行一番言传身教了。

1.遇到事故要沉着冷静

地铁里时常会出现诸如停电、追尾等突发性事故,家长应告诉自己的孩子,在遇到事故时切忌慌张,而应如同遇到其他事故一样保持沉着冷静,只有这样,才有可能寻找可能的机会脱身。

2.如果不慎掉下站台怎么办

有时候,孩子由于调皮或者人多拥挤,导致掉下站台。我们应该告诉孩子,一旦遇到这种情况,首先要大声向站台工作人员呼救,工作人员会采取停电措施给予救助。需要提醒的是,千万不要盲目往站台上爬,以免发生触电等事故。

3.家长教给孩子的安全知识

①平时家长陪同孩子乘坐地铁的时候,可借机培养孩子的逃生意识。比

如,告诉孩子紧急疏散通道、安全出口等位置在什么地方,让孩子熟记于心,以防万一。

②引导孩子遵守乘车守则,不要拥挤、不要争抢座位、乘车时要注意安全,等等。

③现在北京的地铁都要进站安检,但有的地方还没有全面实施这一举措,这就要求家长多提醒孩子乘坐地铁时不要携带易燃、易爆、有毒、有放射性、腐蚀性、压力容器等危险品,或有刺激性气味的物品,因为这样做不但会给自己带来伤害,还会威胁到别人的安危。

④一定要听从车站内的广播,站在黄色安全线以内候车,不要拥挤,不要探头探脑,以防掉到轨道里。

⑤车门快要关闭的时候,不要强行上车,否则会被夹伤,可以耐心等下一趟车。

⑥在地铁车厢里站立时,不要靠近两边的车门。在下车的时候,也要小心站台与列车之间的间隙。当发现车厢内有特殊气味,比如烟雾或闻有煳焦味等,应立即查看周围是不是出现了什么事故。如果确定的话,可请身边的成年人按响车厢前部的报警装置告知司机,以便及时检查险情并采取必要的措施。

铁路边可不是个"好玩"的地方

电视剧或者电影中,我们常会看到追求浪漫的情侣一起走在火车轨道上的情景。可现实中的我们却效仿不得,因为铁轨可不是个"好玩"的地方,尤其是对于活泼调皮、自我保护能力又差的孩子来讲就更须意识到这一点。

其实,不仅不能在轨道上行走,就连轨道两边几米之内的范围都不要逗留,因为列车在行进过程中会产生强大的气流,甚至能够把铁路边的行人给冲倒轧伤。

因此，为了我们的孩子平安健康地成长，我们要经常提醒孩子不要在铁路边行走，更不能到铁轨上玩耍。

一个周末的早晨，9岁的梅梅带着自己7岁的妹妹在家附近的地方玩耍，两个人不知不觉就溜达到了离家不远的铁轨边，一边走着一边说说笑笑、打打闹闹。

几分钟之后，一列火车疾驰而过，火车驶过的强大气流将两个孩子卷进了车轮下……当她们的父母看到这惨烈的一幕时悲痛欲绝，更是万分后悔让孩子脱离自己的视线，可是，此时一切都为时已晚。

还有一个案例，主人公是一个只有12岁的女孩婷婷。一天，婷婷想穿越铁轨，当她走到铁道口的时候，不远处正有一列火车呼啸而来，婷婷心想："铁轨这么窄，几步就跨过去了，火车还远着呢，自己动作快点儿完全可以在列车到来之前跑过去。"

想到此，婷婷便迈开步伐走向铁轨，然而不幸也就随之发生了，因为就在婷婷马上要过去时，火车以飞一般的速度冲了过来，婷婷倒在血泊中，失去了宝贵的生命。

另一个事例发生在2004年5月22日下午。当日，某铁路一个道口附近上演了惊险的一幕：一个小男孩趴在铁轨上面玩耍。这时候，从武汉开往福州的某列火车驶出武汉，经过该道口的时候，司机发现有个红色的小东西在铁轨上，便赶紧鸣笛，但是却不见动静。说时迟，那时快，列车司机连忙采取紧急刹车，最后火车在离小孩仅5米的地方停下。

当火车停下后，远处赶来的目击者和司机都长舒了一口气。原来，这个孩子的奶奶只顾着和人聊天而忘记了自己还在照看孩子，要不是司机反应及时，说不定她再也见不到自己的孙子了。

一个事例是两条稚嫩的生命丧失于铁轨之下，另一个事例是小男孩因为司机刹车而免遭不幸。我们真不知道是该悲哀还是该庆幸。

其实，不管是哪种结果，让孩子在铁路上玩耍都是家长不负责任的表现。虽说铁轨对孩子有着无法言传的吸引力，但是那里却也是极易将其生命带走的地方。不可否认，有些家长曾经不止一次地教育孩子不要到铁轨边玩耍，但是，孩子对这种枯燥的说教根本"不感冒"，也就无法意识到其中存在的危险，还照样我行我素，到铁轨上玩耍嬉戏，因此，家长们就要多动一动脑筋，想办法让孩子懂得在铁轨边上玩耍的危险性。

1.加强对孩子的安全教育

任何交通工具都有其既定的交通规则，家长们应在孩子刚刚懂事起，就循序渐进地告知孩子遵守交通规则的重要性，例如家长应告诉孩子过铁路要看红绿灯、不在铁轨上玩耍等。同时，家长们还可以通过一些关于伤亡的小故事，让孩子明白在铁路边玩耍是件十分危险的事情。

2.注意警报和指示灯

有些孩子由于生活或者学习的必需，不得不经常经过铁路轨道。如果是这种情况，家长们就要告诉孩子严格遵守交通规则，一旦发现道口栅栏关闭、警报鸣响、红灯闪亮，那就是示意停止行进，应停在距铁轨 5 米以外，当工作人员或者灯光示意可以通过时再通过。

乘坐火车时，让孩子注重安全常识

随着铁路事业的发展，火车的速度越来越快，车次越来越多，覆盖面也越来越广，使得更多的人愿意选择乘坐火车进行长途旅行。

虽然相对于轮船、汽车等交通工具来讲，火车的安全系数更高，但是很多家长恐怕都不会忘记那些曾经发生过的火车事故，所以说，不管乘坐哪种交通工具，安全都是头等重要的事，万万大意不得，特别是对于孩子来讲，对其进行乘坐火车的安全教育就更有必要了。

给孩子系好交通"安全带"

　　2008 年的一个暑假,正在上小学四年级的小杰和爸爸妈妈乘坐火车外出游玩。从未出过远门的小杰也是第一次坐火车,觉着很是新鲜,一路上不停地用双手去拉行李架,还在座位上上蹿下跳,爸爸妈妈的话根本不放在耳边,乘务员警告多次无效。突然,一个行李滑落下来,差点砸到小杰的头部,说时迟,那时快,一直在旁边默默注视的一位叔叔在第一时间内拖住了行李箱,好在没有受伤。那位叔叔说:"你看,淘气也要分场合,在火车上这样玩要多危险?万一被砸到怎么办?"小杰惭愧地认了错,终于安静地坐了下来。

　　有一次,小华和妈妈坐火车去数十公里以外的大姨家。一路上,她望着车外呼啸而过的风景,很是新奇。就在火车停靠中途站时,小华按捺不住激动的心情下了车。几分钟后,列车马上就要启动了,小华焦急了起来,一时找不到自己下来的那节车厢,在外面不停地走来走去,车厢外的乘务工作人员见状便问到:"怎么了,小朋友?"小华说:"刚才停车我下来玩,现在车马上就要开了,我找不到爸爸妈妈是在哪节车厢了。"说完就哭了起来。这时听见妈妈焦急的声音:"小华,快点上来,车马上就要开了。"循着妈妈声音的方向,工作人员将小华送上了车,心想"现在的父母太大意了,不看好孩子,赶不上车事小,再出点别的叉子可怎么办"。

　　那些认为火车脱轨、火车相撞等交通事故少,不至于给孩子进行这方面教育的家长不要以此为托辞了,这只不过是你不负责任的表现罢了。一个真正对孩子负责任的家长会从方方面面教育孩子安全至上,而关于乘坐火车的安全教育自然不会被排除在外。

1.对孩子进行乘车安全教育

　　为了让孩子不会将自己的话左耳朵进,右耳朵出,家长们可以利用和孩子一起乘坐火车的时候有针对性地教育,比如,告诉孩子列车的走廊很窄,不要在那里逗留,更不要打闹,或者行李架上的行李如何放置才更安全,等等。另外,家长还可以利用现实生活中发生的具体事例来对孩子进行这方面的教育和引导。

2.尽量不要让小学阶段的孩子单独乘车

有的父母为了考验孩子的独立性，或者客观条件确实不允许陪同，于是让十来岁的孩子自己单独乘坐火车。这样的做法不能说完全错误，但我们仍需要提醒家长，很多骗子会专门针对小孩子下手，所以还是尽量不要让孩子单独乘坐火车了。

3.家长需要告诉孩子安全乘坐火车的相关知识

①乘坐火车和地铁有点相似，都需要站在站台上候车，其要求也和乘坐地铁近似，当在车站候车时，一定要站在站台的安全线外，不要越过黄线，更不可跳下站台。

②上车和下车的过程不要拥挤，以防被人撞上或者撞到他人，还要防止被车门夹着身体。

③当找到自己的座位后，先把行李放置平稳，确定牢靠后再离开。

④如果需要在火车上掏钱买东西，一定要留意周围的情况，不要将自己大把的钞票都暴露出来，以防被贼盯上。

⑤在火车上不要只顾睡觉，应该观察身边的人，如果发现东张西望、坐立不安者，一定要注意严加防范，如果发现被盗，应赶紧告诉乘务员或者乘警，不要惊慌失措，也不要大喊大叫。

⑥不要随意与人搭讪，更不要透露自己的情况，以防对方诈骗或者采取其他不法行为。

4.如遇事故，先冷静下来，并采取以下紧急措施

①如果遇到事故，需要逃生的话，可用车厢内备用的锤子将玻璃打碎，从车窗爬出去。要知道火车的玻璃是很厚且很结实的，如果有可能，可以让身边年轻力壮的男子来完成这项工作。

②除非万不得已，否则不要在火车行进过程中选择跳车，以防车速太快而让身体冲撞到路轨上发生危险。

③如果火车发生碰撞，那么自己要想办法抓住牢固物体，并仅靠在牢固物体上，然后低下头，让下巴紧贴前胸，这样可有效避免颈部受伤。

坐船需要注意的安全与救护事项

有一幅漫画,画面中,有两个人坐在小船上检查安全,他们觉得水面上风平浪静、毫无波澜,于是得出结论说:"这一带很安全。"可实际上呢?不安全却在水下面,其中暗礁遍布,稍有不慎,小船就会触礁沉没。

这幅漫画旨在告诫人们,不要只看事物的表面现象,而应探究其本质,只有这样才能得出正确的结论。在此,我们姑且不去讨论这一道理,单从乘坐船只时的安全角度来看,我们可以认识到,在交通工具中,船的事故发生率相对较高。因为船行驶在水上,受自然条件的限制比较多,而自然条件又是复杂多变的,所以,我们在乘坐船只时一定先了解相应的安全知识,以防不测。

特别是年幼的孩子,有些水网密布地区的中小学生更是每天乘船来往于家和学校之间,那么,作为家长就更有必要将坐船时需要了解的安全知识告诉孩子了,这样,孩子才能更加安全。

2011 年琼州海峡发生两起乘船失踪案件

据报道,仅 2011 年 2~7 月份,在短短不到半年的时间内,琼州海峡接连发生了两起乘客乘船失踪案件。值得一提的是,这两起乘客失踪案件中,失踪乘客均为在校女大学生。大学生出行安全问题引起了校方、学生及家长的重视,而乘船安全则引起了全社会的关注。

伊朗女生沉船事故

有一年春天,一群伊朗的女学生在某公园乘船游玩时不小心翻了船,导致 11 人丧生。

据伊朗电台报道,这些女学生年龄都在 10 岁左右,大约有 60 人分乘了两艘船在德黑兰公园的湖面上荡舟玩耍，谁知其中一艘船突然翻船，11 名女学生被溺死，另有 7 人被送往医院治疗。

我国水域辽阔，有一部分地区的人们主要靠水路交通出行，而水路交通由于受客观条件限制较多，所以比较容易发生事故。看看上面这几起案例，不得不引起家长们的重视。

那么，我们怎么引导孩子安全乘船呢?

1.坐船时需要注意的事项及需要遵守的规则

①选择船只的时候，要乘坐那些经过国家交通行政部门检验合格的船只，而不要乘坐那些无照无证的"黑心"船。

②有的船主为了利益，或者有的乘客考虑时间因素，往往船只超载也不怕，其实这样非常危险。家长应教导孩子绝不乘坐超载船，不受船主低价优惠的诱惑而乘船，即使为了抢时间也一定不要乘坐超载船只。

③如果遇到恶劣天气，比如大风、大雨、浓雾等，宁可等一等，也不要因为急于赶路而冒险乘船。

④上下船时，要等工作人员拴好固船铁链、放好跳板再上下。

2.船舶事故中的自救与救助

在乘船过程中，如果遇到险情，一定不要慌张，而应保持镇定，想出自救和求助的办法，比如，假如船在海中遇险，那么请耐心地等待救援，看到救援船只再挥动手臂示意自己的位置。如果是在江河湖泊中遇险，在水流不急的情况下是很容易游到岸边的，如果水流很急，就不要直接朝岸边游去，而应该顺着水流游向下游岸边，如果河流呈弯曲状态，那么应向内弯处游，通常那里较浅并且水流速度较慢，可以在那里上岸或者等待救援。

需要注意的是，当落水后，为了节省体力，要先把鞋子脱掉，尤其是沉重的鞋子，同时扔掉口袋里沉重的东西，不要贪恋财物，也不要存在侥幸心理。

3.除非是别无他法，否则不要弃船

一旦决定弃船，请在工作人员的指挥下，先让妇女儿童登上救生筏或者穿上救生衣，按顺序离开事故船只。穿着救生衣时要打两个结，以免松开。

如果来不及登上救生筏或者救生筏不够用,不得不跳下水里时,应迎着风向跳,以免下水后遭到漂浮物的撞击。跳水时双臂交叠在胸前,压住救生衣,双手捂住口鼻,以防跳下时呛水。

跳船的正确位置应该是船尾,并尽可能地跳得远一些,不然船下沉时涡流会把人吸进船底下。

乘坐飞机的安全常识,你告诉孩子了吗

现如今,飞机已成为较为普遍的快捷的交通工具,而且在所有交通工具中,飞机的事故概率是最低的。但是我们也不得不承认,当发生事故时,乘坐飞机的死亡率是最高的。

当然,我们不能因为这一情况就不选择飞机这种交通工具,关键是如何能正确地乘坐飞机,当飞机出现故障时,我们如何能将伤害降到最低。那么,为了孩子的生命安全,家长们很有必要告诉孩子一些乘坐飞机的相关常识。

2011年暑假,就读于石家庄某小学的鹏鹏在爸爸妈妈的陪伴下,一家三口一起前往香港迪士尼乐园游玩。对于第一次坐飞机出远门的鹏鹏来讲,别提有多兴奋了,一想到几小时后就可以见到日思夜想的"米奇",鹏鹏从上飞机开始就激动不已。

飞机终于起飞了。在飞行了半个多小时后,飞机忽然颤动了一下,这可把鹏鹏吓坏了。这时候,广播里空中小姐甜美的声音传出来,她提醒大家系好安全带,飞机有点小故障。

鹏鹏听了,紧张得不得了,他担忧地询问爸爸妈妈会不会出现危险?自己是不是见不到"米奇"了?爸爸妈妈告诉他,不要紧张,不会有什么事的,系好安全带就行。几分钟后,空中小姐告诉乘客,险情解除,此时鹏鹏的心终于踏实下来。

作为现代化交通工具，飞机得到了广泛应用，同时它也缩短了国与国、城市与城市之间的距离。与轮船、火车、汽车等交通工具相比，飞机是最安全、事故概率最低的工具。相关资料表明，死于坐飞机的危险概率是 1/85000。据专家介绍，现代喷气式民航机，其安全性已达到每飞行 56 万小时才有一架飞机失事；它的安全、快捷、舒适是其他交通工具无法比拟的。

尽管如此，我们也不能完全忽略飞机的危险性，因为一旦出现事故，营救起来是非常困难的，而且死亡率也是极高的。那么，为了我们的孩子能够安全地乘坐飞机，家长们有必要让孩子了解一些相关知识，做到有备无患。

1.上飞机后需要注意的问题

①对号入座，除了上厕所外，不要随意启动、串座和接近驾驶舱。

②在飞机起飞、降落和颠簸的时候，要系好安全带。

③不能托运易燃、易爆、有毒、放射性物品、可聚合物质、磁性物质及其他危险品，不准携带武器、利器和凶器，也不得给予自己不是同一航班的人捎物或托运行李。

④熟悉飞机紧急出口。

2.遇到飞机故障时应采取的措施

①相关数据显示，有 70% 的事故是发生在起飞和降落的时候。如果听到广播说发生情况，那么应马上取下救生衣，按说明穿上救生衣。

②发生事故时，应将所戴的眼镜取下，其他"外在"设备诸如假牙、放在口袋中的钢笔、水果刀等尖锐物也要取下来，以免让身体受伤。

③将自己的背部紧抵着椅背，拿一个软枕头放在腹部并系好安全带，用救生衣裹上毛毯保护头部。

④一旦出现飞机起火的现象，就先俯屈身体，尽量避开浓烟，冲出太平门，用坐姿跳到充气逃生滑梯上，安全脱险。

孩子乘坐轿车时需注意的问题

私家轿车已像雨后春笋般"开进"了千家万户,成了人们日常短途出行时非常重要的交通工具。更是有不少家庭因为孩子的到来,便于接送孩子上学放学或者外出游玩而购置了一辆家庭轿车,作为代步工具。

可是,家长们是否考虑过,私家车为我们带来方便的同时,也时时处处考验着我们的态度。我们是否为小一些的孩子购置了质量过硬的安全座椅?有没有单独让孩子一个人在车上?孩子会不会坐在副驾驶的位置……

高兴小朋友家住北京通州区某小区,2012年春节前夕,她随爸爸妈妈和堂哥一起回山西老家。一开始由爸爸开车,到了西柏坡附近时,车辆明显少了下来。这时候,刚刚拿到驾照不久的堂哥想练练手,就坐到了司机的位置上了。

起初,这位新司机开得还算不错,但到了一段稍微弯曲点的山路的时候,就有点手足无措起来。高兴的爸爸想把车接过来开,可她的堂哥却不肯,而是坚持开,并说没问题。

一路上,高兴和妈妈有说有笑,特别是看到有山脉或者农民家的马牛羊出现的时候,就更是兴奋得手舞足蹈,还时不时激动地站起来。

车行驶至一个拐弯处,就在高兴站在车里扶着副驾驶座位的靠背和爸爸聊天时,前方忽然窜出一辆车,司机赶紧避让,慌忙之下踩了刹车。这时候,只听"哐当"一声,高兴的头撞到了坐在副驾驶位置上的爸爸的头上,顿时起了个大大的包。

虽然没有大碍,但足够让一家人心惊胆战的,高兴更是吓得号啕大哭。更让高兴的爸爸妈妈感到难过的是,从那之后,孩子就害怕坐车了,每次出行都要坐地铁或者公交车,好像对轿车产生"后遗症"了。

事例中,高兴小朋友虽然没受严重的外伤,但此次小意外给她的心理带来的阴影是不容置疑的。其实,孩子发生乘车事故多和家长的防范程度有关。试想,如果高兴的爸爸妈妈不同意刚拿到驾照的堂哥来开车,而是让爸爸这个老司机开车,或许就不会出现这一急刹车的情况;或者家长让孩子老老实实地坐在座位上,而不是双手扒着前面的座位靠背,也许同样不会出现意外。

因此说来,家长在孩子乘车安全的过程中起着至关重要的作用,希望家长们铭记:你的谨慎和防范就是孩子的安全!

1.给孩子系好安全带,而不是由大人抱着

乘车时,有的家长将孩子抱在怀里,以为这样会很安全。其实,即使在车速很慢的情况下,这样做也起不到对孩子的保护作用。正确的做法是,让孩子乘车系好安全带,当然,安全带要适用于孩子,而不要根据大人的乘坐需要来设定。我们可以让小一些的孩子坐安全座椅,大一些的孩子则要坐在安全坐垫上,这样孩子的位置就被垫高了,孩子就可以使用正常的安全带了。

2.不要让孩子坐在副驾驶的位置上

浙江省宁波市曾发生过一起轿车和皮卡车轻微刮蹭事故。虽然是个小小的交通意外,但是其结果却足以让人痛心。原来,由于轿车前排的安全气囊弹出,导致坐在副驾驶位置的 8 岁男孩的气管及颈椎断裂,最终抢救无效,离开了人世。

事实上,因为孩子天性好动,单独坐在前座的话,汽车上的中控台、排挡杆等都有可能成为他摆弄的"玩具",这都容易造成事故。为了安全着想,家长千万不要让孩子坐在副驾驶的位置上,而是坐在和司机斜对角的右后方。

3.别让孩子在车里做游戏

有的家长自身安全意识不强,任由孩子在后行李厢独自玩耍,殊不知,这是非常危险的,因为车子在行驶过程中会出现颠簸,如果孩子撞到车内硬物很容易受伤,所以,家长一定不要让孩子在车里做游戏。

雨雪带来童趣,也带来湿滑的路面

不管是贵如油的春雨,还是盛夏的大雨瓢泼,抑或装点童话世界的冬日雪花,在给我们带来惬意和诗意的同时,也为我们的脚下增添了泥泞和不便。尤其是活泼好动的孩子很喜欢雨和雪为他们带来的欢乐,也就更容易在享受雨雪之趣的同时一并"享受"着湿滑路面带来的危险,因此,作为家长,为了孩子的安全,我们一定要教孩子认识到雨雪天路面湿滑的危险性,让我们的孩子在安全的状态下享受这份快乐。

州州小朋友是沈阳市一所小学三年级的学生。2012 年 1 月的一天,沈阳下了一场大雪。边看着飞舞的雪花,州州边兴奋地喊着:"我要堆雪人喽!我要滑雪喽!"

雪刚一停,州州就穿戴好棉服和雪地靴奔向室外。很快,州州之前约好的几个小伙伴也来到了广场上,他们要一起打雪仗。踩着厚厚的积雪,几个孩子用小手团出一个个雪球,开始打起雪仗来,玩得不亦乐乎。

忽然,州州一不小心滑倒在一个被大家踩过很多次的"脚印"中,由于雪很松软,又被很多人踩过,所以青石板的地皮已经露了出来。州州这一摔,只感觉肘关节疼得要命,其他几个小朋友赶紧扶着州州,把他送回家去。

州州的爸爸妈妈赶紧带着孩子到医院检查,结果是软组织挫伤,需要静养一段时间。

下雨下雪的时候,家长们通常会记得给孩子添加衣物,因为这种时候往往气温下降,可是你是否知道,雨雪天气造成的孩子摔伤的情况同样需要引起注意。有关部门统计,与正常天气情况相比,雨雪天气里摔伤的情况将多出两三倍。其中,受伤的部位多是肘关节、踝关节等,轻则摔疼或者淤血,重则骨折甚至脑震荡等,因此,为了防止雨雪天气给孩子带来伤害,家长需要引导和帮助孩子做好防范。

1.父母需采取的措施

①关注天气预报,留意冷暖雨雪天气,及时为孩子准备好雨衣和雨鞋等。

②教给孩子一些防滑措施,比如要穿摩擦大的鞋、走没有积水的路面、不走冰面,等等。

③提醒孩子注意路面安全,要走人行横道,不要与别人争抢道路,以防滑倒。

④如果父母开车,那么要将车速控制在30公里/小时,转弯时不要超过10公里/小时。

2.孩子骑车时需要注意的问题

雨雪天气,让孩子尽量不要骑车上学放学,但有些迫于客观条件的限制,必须要骑车,那么就要提醒孩子注意下列问题:

①不要走冰冻的路面,而应选择较干爽和平坦的路面,骑车过程中不要猛捏车闸,不要急拐弯,拐弯时最好角度大一些。

②由于道路泥泞湿滑,骑车的时候要格外集中精力,否则一不留神就可能摔倒。

教给孩子一些应对晕车的办法

很多家长都有晕车、晕船等经历,更多的家长都见过别人晕车,那种恶心、呕吐的痛苦真的很让人同情。有的人从小就晕车,这种情况多数是由个人的生理原因导致的。

虽说晕车不是什么大问题,但在乘车过程中的那种痛苦会让很多人惧怕,也会令家有"晕车娃"的家长们备感烦恼。

那么,有没有应对晕车的办法呢?作为家长,该怎么帮助孩子呢?事实上,如果家长采取一些措施的话,晕车的情况还是可以克服的。

　　嶙嶙在一所高档民办小学读书,学校每年都组织一些活动。前些天,学校组织去春游,目的地是北京怀柔某地。嶙嶙和其他同学一样,别提有多开心了,他们早早地就来到了学校,等待出发。

　　可是,到了途中的时候,嶙嶙却忽然感到恶心,同去的老师见此情景,连忙让嶙嶙到靠窗户的位置坐下,并将车厢里后面仅可以打开的两扇窗户打开通风。不一会儿,嶙嶙就感觉不像刚才那么难受了,老师告诉他很可能是晕车。随后,老师还跟他讲了一些关于晕车的应对法。

　　嶙嶙告诉老师,早上由于走得匆忙,没吃早饭,妈妈放到包里的煮鸡蛋也忘记吃了。老师判断可能是因为早上空腹导致的,她嘱咐嶙嶙以后早上要先吃点好消化的早餐,然后再坐车或者做其他活动,嶙嶙点头答应了。

　　看得出,上面事例中的嶙嶙应该不是那种天生就有晕车症的孩子,而是他当天早上没吃饭,空腹颠簸导致的。

　　然而,有更多的孩子晕车却是"先天"的,也就是不管什么情况下,坐车的时候都会晕得一塌糊涂。如果家里有个总晕车的孩子,家长们每当面临孩子需要乘车的时候,就如临大"敌"一般,想象着孩子即将忍受的痛苦旅程,心里自然不是滋味。更让父母们担忧的是,这么大就晕车,长大了会改善呢,还是会持续呢?自己能为孩子的这一状况做哪些努力呢?

　　其实,对于孩子晕车的情况,家长也不必太过忧虑,只有积极采取有效的措施帮孩子矫正晕车症,才是最应该做的。

1.从小让孩子养成良好的生活习惯

　　好习惯可以成就一个人的一生,而好习惯的养成多是从小时候开始的,因此,作为家长,应从小让孩子养成良好的生活习惯。其实,很多孩子乘车时之所以出现晕眩症状,并不是"先天"因素导致的,而是由于睡眠、饮食不规律导致身体劳累所致,因此,为了避免孩子产生晕车症状,家长们就要积极行动起来,为孩子养成良好的生活习惯而努力。

2.让孩子养成多进行体育运动的习惯

从科学角度来讲,晕车时出现晕眩症状往往是由于一个人的中枢神经的平衡能力较差导致的,因为乘车时颠簸,再加上汽油味的刺激,自然就会感到头晕、恶心以及呕吐。

　　所以说,家长平时可帮助孩子多加强平衡功能的锻炼,以增强孩子的平衡能力。在孩子还小的时候,可抱着他在原地旋转。对于较大一些的孩子,则可以多让他进行跳绳、秋千、舞蹈、平衡木等运动。

　　3.有效缓解晕车的办法

　　有的孩子心理素质较弱,当晕车造成自己恶心、呕吐等症状时,就会担心自己是不是"再也好不了了"或者"再也见不到爸爸妈妈了",等等。而越是这样,晕车症状往往越严重,因此,家长应告诉孩子,当出现晕车症状时,不要紧张,而应让自己放松下来,可以听听舒缓的音乐,也可以找个人和自己聊天,以分散自己的注意力,还可以适当地按压自己的合谷穴(即大拇指和食指中间的虎口处)。这些做法都可以适当缓解晕车症状。同时,还要注意避免不良的视觉刺激,比如,乘车时不要看书,也不要向窗外看,而是闭目养神,这样会有效地减少晕车症的发生。另外,如果恶心得难受,想呕吐的话,就找个塑料袋(最好事先准备好)吐到里面,吐完后用清水漱口即可。

第五章

饮食安全

别让孩子"病从口入"受伤害

饮食是人类赖以生存的首要条件,我们的孩子健康离不开食物,但是如果吃得不正确,食物也会成为伤害孩子的凶手。可以说,饮食安全至关重要。如果孩子在饮用品和食物上发生了问题,或者其个人清洁卫生、环境卫生上出现了病源传播、细菌感染,那么就有可能发生中毒现象,导致身体健康受到损害,影响学习与生活,甚至引发大病乃至死亡的恶性事故。这些都是家长们应该防止的事情,因此,为了孩子的饮食安全,家长们有必要积极行动起来,为孩子创造一个安全、健康的饮食环境,同时更要教导孩子如何正确、安全地吃喝。

食物是不能随便吃的

在2012年热播的电视剧《心术》中，医生霍思邈吃了含有洗虾粉的小龙虾，引起肾脏和肝脏等问题，住了好长时间的医院，身体才得以恢复。

其实，类似的情景，生活中也会经常上演，常有媒体报道，哪里有人食物中毒了，哪里有人吃了某种食物得了奇怪的病，甚至还有集体食物中毒事件，不一而足。

按理来说，在饮食方面，由于孩子抵抗力相对大人要弱，家长们往往会更注意孩子的食物安全和卫生，但是，并不是所有的时候，家长都能做到万无一失，有时候稍微疏忽大意，说不定就引起食物中毒事件。

所以说，在孩子能否安全饮食的问题上，家长责任重大。因为我们不光要尽可能为孩子准备卫生、安全、营养的食物，还要教会孩子自己能够将饮食问题重视起来，以免在外面吃饭的时候为自己带来危险。

2011年9月的一天，湖北省监利县3名女中学生仍躺在武汉同济医院的重症监护室。原来，这3个孩子是食物中毒，而中毒的罪魁祸首居然是一瓶牛肉酱。

其中一个孩子的父亲介绍，前一天，孩子感到头晕、浑身乏力、声音嘶哑，到小诊所打针后不见好转。第二天，他便带着孩子到三甲医院检查，经医生诊断，说是由食物中毒引起的。主治医生要他做好心理准备，他的孩子有50%的死亡率，80%的瘫痪率。

另一个孩子的妈妈也对前去采访的媒体记者介绍说，女儿的病情相对较轻。她接到女儿的电话，说头晕、眼睛模糊、吞咽困难、无法进食。两天后，女儿的病情加重，在外地工作的她辞职返回老家，带着女儿来到医院。

原来，8月上旬，这3个孩子买了一瓶牛肉酱没有吃完，中途学校放了5

天假,返校后接着将这瓶牛肉酱吃完了。牛肉酱开封后,由于酷暑容易变质,病因可能就是吃了变质的牛肉酱。

还有一个案例,是某报纸报道的家住湖北省黄石港的温先生10岁的儿子因为吃生鱼片而中毒。经医生检查说,他得的是鱼鲦病,需要积极住院治疗。

俗话说得好,民以食为天,可是,我们要想"为"好这片"天",就必须以健康、安全的饮食为基础,我们的孩子更是如此。有的食物,生食会引起腹胀、腹泻,有的食物过期变质,或者加工过程"猫腻"多多,吃了会让身体不适、生病甚至死亡,还有的食物本身就不健康,长期食用会对身体健康不利。

总之,食物不是可以随便吃的,吃东西是个需要谨慎对待的问题,这就需要家长们为孩子把好关,别让孩子贪图一时嘴上的瘾而受身体上的疼。

1.不要为节约而让孩子吃剩的饭菜

勤俭节约是中华民族的优良传统,很多妈妈在现在物质并不匮乏的时期还坚守这一原则。可是,我们需要奉劝这些家长,最好不要让孩子吃剩饭剩菜,这是因为,隔夜的饭菜会产生大量的亚硝酸盐,孩子吃了后可能会引起肠胃疾病,甚至诱发肠癌和胃癌,所以,为了孩子的健康,家长们还是适当"奢侈"一下,把剩下的饭菜都扔掉吧。

2.不要让孩子吃存放时间长的食品

有些没有包装的散装食物往往没有"保质期"一说,因此只要看上去没有坏掉,我们即以为没问题,可以吃。就像上面事例中的3个女孩,她们吃那瓶牛肉酱的时候,估计也没有尝到坏味儿,可是吃了之后却让身体闹起"革命"来。

事实上,有些食品放得时间长了,虽然表面上看不出什么,吃起来也感觉不到有什么变化,可实际上它的成分却发生了变化,而这却是我们不易察觉的,比如,花生、板栗、核桃等时常给孩子们吃的坚果类食物,放久了就会产生黄曲霉素,这种成分对身体危害非常大,可以诱发肝炎和胃癌,因此,作为家长一定要及早处理这些食物,而不要放置太久还让孩子吃,那样恐怕就会得不偿失了。

3.有些食物是不能生吃的

三文鱼、蔬菜沙拉等菜品是餐厅里常见的一些品种,而这些食品的主料都是生的,很多家长对于安全饮食的标准执行得不够彻底,往往忽略那些不该让孩子生吃的食物,无所顾忌地给孩子吃,殊不知,这样也是非常危险的。比如,鲜藕和竹笋,很多家庭都喜欢凉拌,吃起来非常爽口,可是家长们不知道,生吃鲜藕会消化不良,它里面含有寄生虫,还会使孩子腹泻或者肚子痛,而生吃竹笋则容易引起中毒,使孩子出现头痛、恶心、呕吐等症状。此外,茄子、花菜和洋山芋中含有尼古丁成分,如果经常让孩子生吃,那无异于让孩子吸"二手烟",对健康十分不利。当然,肉类、海鲜类食物就更不能够生吃了,因为动物体内的很多寄生虫须经过高温才能杀死,生吃的话会让这些寄生虫进入孩子体内,带来病害。

饮食需要符合孩子的体质

生活中,我们会发现,有的人喜欢吃酸,有的人喜欢吃辣,有的人吃了某类食物就泻肚子,有的人吃了某种食物就长痘痘。究其原因,耐受什么及不耐受什么都和一个人的体质有直接的关系。

可是,很多家长对此不甚了解,于是为了孩子的健康,会把一切自认为有营养的食物拿给孩子吃,而不去分析孩子的体质是否和这些食物匹配。其实这样做,不但不会为孩子补充营养,反而起到副作用,所以,了解孩子的体质后再搭配相应的食物才是正确的。

婷婷的妈妈见女儿长得比同龄孩子瘦小,以为是孩子营养不够,于是就买了很多高营养、高热量的食物,比如牛初乳、牛羊肉等,天天给孩子做着吃。

可是,婷婷吃了这些食物后总是便秘,大便非常干燥,而且还隔两三天才拉一次大便。到后来,婷婷看到妈妈做的饭就嚷着"不吃,不吃",弄得妈妈很为难。

无奈之下，妈妈带着婷婷来到一家中医院。经过一位中医专家的诊断，婷婷妈才知道自己错在哪里。

原来，婷婷属于热型体质，根本不该吃这么多"热性"食物，这样不但会增加孩子的消化难度，还会引起心烦气躁等不良情绪。

听了医生的话，婷婷妈开始按照医生的医嘱给女儿制作食物。经过一段时间的调养，婷婷之前的症状有了明显改善，而且胃口也越来越好了。妈妈看在眼里，高兴极了，她心想，孩子胃口好了，即使不用吃那些高营养、高热量的食物也不愁长不高了。

孩子的饮食必须适合自身的体质。如果父母不用心去了解孩子的体质，然后搭配合适的饮食，则会对孩子的健康成长造成极大的影响。孩子的体质其实是由两部分决定的：先天的身体条件和后天的调养。其中后天调养又与运动、饮食、服药、气候以及生活环境有关系，其中饮食是重中之重。

1.虚型体质

如果你的孩子面色发黄、寡言少语、无精打采、不喜欢运动、出汗多、吃饭少、大便稀，那么他的体质属于体虚型。

这种体质的孩子容易患上小儿贫血和反复呼吸道感染。对于这种体质的孩子，家长应该多给他们吃羊肉、鸡肉、牛肉、海参、虾蟹、木耳、核桃、桂圆等，切记不要吃的食物是苦寒生冷型的，如苦瓜、绿豆等。

2.湿型体质

如果你的孩子体形肥胖、行动迟缓、反应慢且大便稀，那么他的体质属于体湿型。

这种体质的孩子容易患上高血压、血脂稠。对于这种体质的孩子，家长应该多给他们吃高粱、苡仁、扁豆、海带、白萝卜、鲫鱼、冬瓜、橙子等，切记不要吃的食物是甜腻酸涩型，如石榴、蜂蜜、大枣、糯米、冷冻饮料等，这样才能达到让孩子健脾、祛湿、化痰的效果。

3.寒型体质

如果你的孩子身体偏凉、面色苍白、对运动不感兴趣、胃口很小，且吃生冷的食物容易腹泻,那么他的体质属于体寒型。

这种体质的孩子容易出现肠胃疾病,对于这种体质的孩子,家长应该多给他们吃诸如羊肉、鸽肉、牛肉、鸡肉、核桃、龙眼等,切记不要吃寒凉类型的,如西瓜、冬瓜、速冻饮料等,这样才能达到让孩子温养脾胃的效果。

4.热型体质

如果你的孩子体格强壮、面红耳赤,喜爱凉爽的环境,非常怕热、脾气暴躁、胃口尚佳、大便干燥,那么他的体质属于体热型。

这种体质的孩子血热、易激动,容易患上咽喉炎,外感冒后容易转为高烧,家长应该多给他们吃清淡的食物,达到清热化痰的效果,如苦瓜、冬瓜、萝卜、绿豆、芹菜、鸭肉、梨、西瓜等,切忌吃热量极高的食物,如巧克力、压缩饼干等。

5.健康型体质

如果你的孩子身体强壮、面色红润、精神饱满,那么他的体质属于健康型。

这种体质的孩子在吃东西上只要营养均衡、阴阳互补就可以了,没什么特别值得注意的。

孩子的饮水问题,家长知多少

万物生长都离不开水,就像离不开空气和阳光。我们人类也是如此,自然也包括我们的孩子。爱美并崇尚健康的妈妈们大都知道并持之以恒地履行着"每天八杯水"的习惯,而对于孩子及时补充水分更是丝毫不敢大意。

记得某著名儿童小说作家洁在一本书中提到,水就是警察,它进入我们的体内,会抓走小偷,然后顺着小便将小偷排出体外。多形象的比喻呀!由此也可以看出,水对于孩子健康成长的重要性何等强大。

现代科学研究表明,人的身体中,80%是由水分组成,人每隔5~7天就需要新陈代谢更换一次水分,有了水才能进行新陈代谢,可以说,没有水就没有生命的活动,因此,合理地汲取水的补给量是每个家长及孩子应该掌握的基本知识。

当然,水并非越多越好,喝得太多反而会中毒。科学家经过研究得出如下结论:成人每天要喝1500~2000毫升水,儿童需要喝500~1000毫升水。

除了水不能喝得过多以外,我们更须注意不要让孩子引用不洁的水,也就是不符合国家饮用水卫生标准的饮用水,因为喝这样的水也会损害孩子们的健康,甚至危及生命。

有媒体报道,2012年5月11日,王先生参加单位组织的篮球赛时,一口气喝光了一瓶2L装的矿泉水,结果不但没解渴,还引起水中毒。

经过医生诊断,王先生系一次性喝水过多、过激导致水中毒。随后,医生让王先生喝下一杯盐水并休息。不久,王先生恶心及头晕的症状慢慢消退。

该医生提醒,市民运动大量出汗后,应尽量喝些淡盐水,以补充人体出汗带走的无机盐。若无条件可先用水漱漱口,润湿口腔和咽喉,然后少量多次喝水解渴。

喝水过多会中毒,喝不健康的水更是危害多多。

我国西部某省内的一个偏远山村里,所有育龄妇女所生的孩子均为女孩,没有一个男孩。而成年女性都患有头痛、骨痛等病症,当地对这种奇怪的现象说成是"太阴星占宅"。随后,经科学家查实,出现这一情况的原因是由于村子上游的水源里混入了镉元素。

水乃生命之源,如果饮水不当,生命本身就会受到牵连,轻则伤痛,重则丧命。据世界卫生组织公布,全世界80%的疾病与水有关,每年有2500万名儿童因饮用了污染水死去,这个数字可谓触目惊心。那么,怎样才能让我们的孩子健康而合理地饮水,成为家长们需要重视的问题。

1.最好喝白开水和矿泉水

孩子们总是对一些冷饮或者果蔬类饮料感兴趣,而爱喝白开水的现象却不多见。其实,这主要是由于家长们从小没能给孩子培养出一个好的饮水习惯,常常是顺着孩子的意愿走,想吃冰棍给买冰棍,想喝饮料给喝饮料。

其实,最理想的水并非这些口感好、色泽佳的东西,而是白开水或者矿泉水。因为矿泉水深埋地下,没有被污染,并含有人体需要的微量元素,但矿泉水价格高,一般人常饮这种水,经济条件不允许,而最好的是水质有保证的自来水煮开后的白开水,而太空水、纯净水虽水纯,但缺少了许多矿物质和无机盐,长期饮用对中小学生的健康成长有影响。

2.不喝水源被污染的水和含有毒元素的水

有的地区由于排放工业废水或者堆放垃圾脏物等,水源就会被污染,一旦引用这些水,就会引起痢疾、肝炎、登革热、疟疾等疾病。另外,有一些水含有有毒元素,比如上面事例中提到的那个小村庄。

3.饮料代替不了水,要少喝

有的家庭常常在家里备着成箱成箱的饮料,放任孩子喝。孩子由于贪图凉快、口感香甜,就会以饮料代替饮水,其实这样做是不对的,因为饮料中大多含有一定量的糖分,糖分越高越不易被细胞吸收,反而会引起体内失水。不仅如此,常喝冷饮还会刺激肠胃,引起消化系统功能紊乱,导致腹痛或者腹泻等。

不正确地喝豆浆也会中毒

美味而营养价值高的豆浆一直是很多孩子早餐的首选食物之一。许多家庭都特意购置了豆浆机,专门磨豆浆喝,很多学校也会提供豆浆作为早餐食品。

但是,很多人却不知道,豆浆虽好,如果喝得不正确,也会中毒,比如,如果豆浆没有煮熟,那么就会含有胰蛋白酶抑制素、皂甙等毒素,如果生豆浆再次加热但是不彻底,那么毒素就不会被破坏,一旦饮用仍可造成中毒。从目前的数据统计来看,豆浆中毒事件多发于小餐馆和集体食堂,特别是幼儿园和小学食堂最常见,因此,为了孩子的健康饮食,家长们一定要在方方面面关注其安全问题,比如让孩子喝安全的豆浆、安全地喝豆浆。

媒体曾报道了这样一件事:陕西200多名学生食用豆浆后出现中毒现象。该学校的学生在三聚氰胺事件后不再食用牛奶,而在早餐的时候改喝豆浆,却因为时间紧张,常常是没有充分煮熟就饮用,导致了大豆中胰蛋白酶抑制物中毒。

据医疗专家介绍,豆浆中毒的原因主要是由于生大豆含有一种有毒的胰蛋白酶抑制物,可抑制体内蛋白酶的正常活性,并对胃肠有刺激作用。豆浆中毒潜伏期为数分钟到1小时,中毒表现为出现恶心、呕吐、腹痛、腹胀,有的腹泻、头痛,可很快自愈。

小学生吴佳天每天都有早上喝豆浆的习惯。这一天,他起床有些晚了,没吃早餐就往学校跑,到半路上看到早餐摊位前有卖豆浆的,就要了一碗快速喝了下去。

可刚到学校不久,他就感到肚子里一阵阵拧着疼,又有些恶心,一会儿往厕所跑了几次。到了下课,吴佳天再也支撑不下去了,就请假回家了。妈妈带他去医院,经医生检查后得出结论,是喝了可能没有煮熟的豆浆而中毒。随后,经过半天的治疗,吴佳天恢复了健康。

虽然上述事例中孩子们喝豆浆中毒后经过治疗,没有生命危险,但是这种中毒现象却不得不引起家长们的重视,它为我们的食品安全敲响了警钟。

那么,家长们如何帮助孩子们喝安全的豆浆和安全地喝豆浆呢?

1.一定要煮熟才能喝

生豆浆对人体是有害的,这是因为生豆浆中含有两种有毒物质,会导致蛋白质代谢障碍,并对胃肠道产生刺激,引起中毒症状,因此,为预防豆浆中毒,家长们在自己制作豆浆的时候一定要让豆浆在100℃的高温下煮沸,然后再放到适宜饮用的时候再饮用。

2.有的人不适合饮用豆浆

并不是所有人都适合喝豆浆这种健康饮品的,比如:

①患有急性胃炎和慢性浅表性胃炎的孩子不应喝豆浆甚至食用豆制品,以免刺激胃酸分泌过多加重病情,或者引起胃肠胀气。

②由于豆类中含有一定量的低聚糖,容易引起嗝气、肠鸣、腹胀等症状,所以患有胃溃疡的孩子最好少喝,甚至不喝豆浆。

③由于豆类中的草酸盐这种成分可以与肾中的钙结合,易形成结石,从而加重肾结石的症状,所以如果您的孩子患有肾结石,也不适宜饮用豆浆。

3.制作豆浆的禁忌

有些家长会比较有"创意",在豆浆中打个鸡蛋以增加营养,或者为了孩子在校期间能喝上温热的豆浆而将其放入保温瓶,等等,其实这些做法看上去"很美",但却是禁不住科学考量的。

①如果在豆浆中打入鸡蛋,会导致鸡蛋中的黏液性蛋白易和豆浆中的胰蛋白酶结合,产生一种不能被人体吸收的物质,从而大大降低人体对营养物质的吸收。另外,豆浆中加入红糖虽然喝起来味道甜香,但是红糖里所含有的有机酸在和豆浆中的蛋白质结合后,会产生变性沉淀物,对营养成分破坏严重。

②如果将豆浆放入保温瓶,会导致瓶内细菌的大量繁殖,只需经过3~4个小时就能使豆浆酸败变质。

③同喝水一样,豆浆也不是喝得越多越好,一次喝豆浆过多容易引起蛋白质消化不良,出现腹胀、腹泻等不适症状。

④有的孩子空腹喝豆浆,殊不知这样一来,豆浆里的蛋白质大都会在人体内转化为热量而被消耗掉,不能充分起到补益作用,因此,家长们应提醒孩子,在喝豆浆的同时吃些面包、糕点、馒头等淀粉类食品,这样就可以使豆浆中的蛋白质等在淀粉的作用下与胃液较充分地发生酶解,使营养物质被充分吸收。

羊肉串的美味背后

无论哪座城市,在街头巷尾一些行人密集的地方,总会有一些烤羊肉串的小摊。美味诱人的香味飘然而至,让路过的人们禁不住驻足,有的索性吃几串,有的则嗅着香味离开。

羊肉串的美味也深得孩子们的喜爱,很多学校门口的小摊前都会出现孩子们的身影,甚至吃羊肉串会成为孩子们之间相互请客的体面方式。

但是,他们或许不知道,有一些小商贩为了赚钱,不惜昧良心,置别人的健康和生死于不顾,买那些有病菌的死羊肉或者购买变质的陈肉,或者用其他便宜的肉及食材来代替羊肉,这些做法都严重危害了孩子们的身体健康。

那么,为了避免孩子遭受"羊肉串"的危害,家长们有必要引导孩子远离羊肉串,即使一定要吃,也要选择正规的餐厅,吃健康、安全的。

2012 年 5 月,某媒体报道,北京某医院一名女医生发微博称:"一患者皮下淤斑、血尿、流鼻血不止来急诊,查出凝血功能严重异常,怀疑是鼠药中毒,抽血留尿送检 307 医院毒物筛查,证实是鼠药中毒。但患者断定绝无别人投毒可能。仔细询问病史,之前曾吃过街边烤的肉串!有的不良商贩拿死耗子、死猫、死狗做羊肉串,殊不知,这些动物可能死于鼠药,人吃后,竟然间接鼠药中毒。"

还有一则消息,上海某中学一位学生,一天闻到校门口烤羊肉串的香味,就走出去看。他听着摊贩边烤羊肉串边喊:"来,来,吃羊肉串喽,正宗的羊肉串,香喷喷的羊肉串……"

这个孩子禁不住诱惑,就去买了几串并很快吃掉了。可是让他没想到的是,中午放学回家后,没多久便四肢抽搐,倒地死去。

我们不排除有一些摊贩是善良的、本分经营的,但是总有一些鱼目混珠的无良摊贩,他们挂羊头卖狗肉,让自己赚了钱,却让他人遭了殃。

那么,对于识别力差而自我控制能力也不强的孩子来说,怎么引导才能让他们不受这些危险食品的伤害呢?这就需要家长做一番功课了。

1.尽量不吃羊肉串

业界专业人士指出,为了保证羊肉串的鲜嫩美味,很多商贩在烤羊肉串时烤得半生不熟,外焦里嫩。这些食物一旦被人吃进去,很容易感染寄生虫,甚至有罹患脑囊虫病的隐患。不仅如此,经过烧烤后的羊肉串会分解出强致癌物"苯并芘",对人体伤害很大。除此之外,由于羊肉串含油量高,如果经常食用会诱发肥胖、脂肪肝及心脑血管疾病等。

2.选择有卫生保障的烤制场所

如果孩子一定要吃羊肉串,那么还是选择那些有卫生保障的烤制场所为好。比如,正规的提供烤串的餐厅或者自己带上相关器具到郊外不会引起危险发生的地方自行烤制。这样,孩子既能"解馋",又保证了安全。

3.吃羊肉串时不宜搭配的食物

烤羊肉串虽然好吃,但食物搭配中也有一定的禁忌,比如,羊肉和醋、西瓜、南瓜、茶就不能一起吃。专家建议,吃羊肉串时宜搭配凉性和甘平性的蔬菜,比如冬瓜、油菜、菠菜、白菜、金针菇、蘑菇、莲藕、茭白、笋、菜心、土豆、香菇等。

别让野蘑菇夺走孩子的健康

"采蘑菇的小姑娘,背着一个大竹筐……"动听的儿歌为了我们描绘出一幅美丽的画面。可是,家长朋友们是否知道,如果将这一画面搬到现实中来,或许就不一定那么美了。

为什么这么说呢?这是因为,并不是所有的蘑菇都是安全的,我国大约有 80 多种毒蘑菇,其中至少有 10 种蘑菇是常见的、致人死亡的毒蘑菇。据专家介绍,毒蘑菇的毒性非常强,所含毒素非常复杂,至今没有有效的解毒药,人一旦误食,在潜伏 2~11 个小时后,便会出现中毒症状,中毒表现为脏器损害型的病人,死亡率很高。

虽然大多数家庭都不会让孩子自己去采蘑菇,但是有一部分生长在农村的孩子面对家乡田地里生长的蘑菇,还是会采回来做菜做汤,因此,这就需要家长让孩子多加提防,别让有毒的野蘑菇夺走孩子的健康乃至生命。

2010 年 7 月的一天,重庆市接连下了好几天的大雨,大雨过后,树林里长出来很多野蘑菇。一天,一名姓李的 14 岁男孩从小树林里采了一些野蘑菇,拿回家后让奶奶给家人熬汤喝。

让全家人没想到的是,喝完了美味的蘑菇汤,全家两位老人、3 个孩子均食物中毒,被送进医院抢救。

还有一个吉林通化的小女孩,也是因为误食毒蘑菇而中毒。

那是 2011 年暑假期间,为了上坝上避暑,女孩淘淘一家驱车前往。到了坝上第二天,便下起了雨。雨过天晴之后,一家人上山去采蘑菇。淘淘从来没见到过这么美丽的景象,小树林里一朵朵美丽的蘑菇竞相生长,像是欢迎采摘者的到来似的。

这下可把淘淘乐坏了,赶紧马不停蹄地采起蘑菇来。

采完后回到住处,一家人便自行动手做蘑菇炒肉,饭香菜香又肚子饿,大家吃了不少。

可是吃完饭后不久,淘淘还想到外面纳凉,却忽然感到恶心、呕吐,不一会儿,淘淘的爸爸和妈妈也烦躁不安,呕吐起来。后来,他们被送进了医院,经过洗胃、治疗等折腾了半天,一家人才算转危为安,而导致他们病倒的正是毒蘑菇。

蘑菇是一种人们喜欢食用的真菌类蔬菜,蘑菇的种类在我国有 200 多种,可是其中有 80 多种是毒蘑菇,稍有不慎误吃了毒蘑茹就有可能造成人身死亡事故,所以孩子在采摘蘑菇时一定要有人指导,千万要防范误食毒蘑菇。

1.为了防止中毒,最好不要让孩子吃野蘑菇

不只是田野、树林里长有毒蘑菇,在一些小区的花园里、草地上,甚至墙角里,都会有各种各样的毒蘑菇长出来,所以,为了安全起见,家长们一定要告诉孩子,野蘑菇的生长环境非常复杂,任何品种的野蘑菇都不能保证是绝对安全的,所以不管它长得多漂亮,也不要采摘。不管它有没有毒,也坚决不吃。如果孩子想吃蘑菇,家长可以带孩子去市场上买,因为这些蘑菇通常是农户种植的,不会有毒。

2.一旦误食毒蘑菇,该如何急救

一旦发生了蘑菇中毒,必须及时抢救,否则可能会因为耽搁时间而造成人员死亡。具体措施包括:

①立即催吐、洗胃。用高锰酸钾溶液、浓茶或解毒剂。

②如是捕蝇蕈、斑毒蕈,要输液,皮下注射药物。

③误吃死帽蕈、粟茸蕈,用二巯丁二钠等治疗。

蛙肉味美,却不宜食用

"哇,哇,哇……"每当雨水过后,池塘里、小湖边都会传来响亮的青蛙的叫声。青蛙还有个名字叫"田鸡",从小我们就从课本里学到,青蛙是捕食害虫的能手,它能够为农民们保护庄稼。据说,一只青蛙一天可吃掉50多只稻田害虫。

可是,一直以来,社会上就出现了一些滥捕青蛙的现象,为了牟取私利,这些猎捕者将青蛙卖到餐馆、酒店。有的经营者还把蛙肉冷冻保存,以供顾客日常购买。这样的做法实在令人痛心。

除却社会道德层面的问题我们不去讨论，单说食用青蛙这一点，其实对人体的害处还是很大的，并不像很多人认为的那样美味营养又健康。

2012 年 5 月的一天，乐乐跟着爸爸去参加爸爸同事的婚礼。婚宴很丰盛，有很多美味佳肴，这让贪吃的乐乐可高兴坏了。

不一会儿，服务员端上来一盘更为新鲜的菜——椒盐蛙肉。这盘菜的主料就是青蛙。乐乐看着青蛙那肥肥的腿、鲜鲜的肉，不由得直流口水。

当乐乐正要用筷子去夹的时候，爸爸却按住了他的小手，说："宝宝，你不要吃这种肉。"

乐乐有些不高兴，疑惑地问爸爸为什么，爸爸说："青蛙可是捕虫能手，它是我们人类的好朋友呢。从这方面来说，我们要保护它，少吃甚至不吃蛙肉。另外，由于青蛙所捕食昆虫的体内大多有大量的农药残留，青蛙吃掉了昆虫，那么青蛙的体内也就存积了农药残留。那么，我们人类再将青蛙吃掉，那些农药残留是不是就会跑到我们的身体里来呀？"

听完爸爸的话，乐乐不由得一惊，连忙放下了筷子，不去夹蛙肉了。

幸亏爸爸教育及时，才没让乐乐将蛙肉吃到肚子里。这一方面让他懂得人类应该保护青蛙，另一方面也让他知道吃青蛙会对身体造成伤害。那么，作为家长，的确该及早告诉孩子不要吃蛙肉的重要性和必要性。

1.不管在哪里看到蛙肉，也不管做得有多鲜美，也不要让孩子吃。

2.平时多对孩子进行社会公德教育，让孩子懂得保护青蛙，不捕杀青蛙，为保护生态平衡作出贡献。

发芽的土豆还是扔掉吧

土豆是我国北方大多数家庭餐桌上的"常客"，它还有两个有趣的名字叫马铃薯、山药蛋。土豆营养丰富，它含有大量淀粉、蛋白质、钾、钠、果胶等，对于改善人体肠胃功能很有帮助，还有降血压、抗衰老的作用。

也许有人会问，难道土豆真的这么完美吗？

要说完美，还真是差那么一点点。原来，土豆一旦生芽便不能吃了，如果吃了生芽的土豆就会发生食物中毒。看来，真是"金无足赤，食无完食"啊。

云云的父母在城里打工，一直都把她交给乡下的爷爷奶奶照顾。去年，云云要上小学了，爸爸妈妈为了让她能得到更好的教育，便把孩子接到城里读书。

云云是个懂事的孩子，经常在放学后为还在外面干活的爸爸妈妈把饭做好。

这一天，云云又为爸爸妈妈做好了饭，等着他们回家来共进晚餐呢。可是，不幸就在这天发生了。

原来，云云做的菜里有一盘是土豆丝，而所用的土豆是已经发芽的毒土豆，云云和奶奶过惯了穷日子，尽管听妈妈说过生芽的土豆不能吃，但她还是没舍得扔掉，把土豆芽切掉后炒出了美味的土豆丝。

可是吃完晚饭后两个多小时，云云一家三口先后出现上吐下泻、脸色蜡黄的症状。

爸爸妈妈认为，肯定是晚上的食物引起的中毒反应，于是他们赶紧去附近的医院。经诊断，果然是食物中毒，而罪魁祸首便是那两个生了芽的土豆。

经过这件事，云云后悔极了，她说以后再也不冒这种风险了，生芽的土豆一定要扔掉。

事例中的云云是个懂事的好孩子,可她的冒险行为却差点儿害惨了全家。生活中,像云云这样的家长也并不鲜见,他们不舍得将本不该吃的食物扔掉,殊不知这样有多大的隐患和风险。

1.坚决不吃发芽的土豆

据专业人士介绍,土豆中含有一种龙葵碱的毒素。成熟的土豆含这种毒素很少,不会使人中毒,但那些没有成熟的绿色或发芽的土豆比成熟的高5~6倍,吃后就会引起人体中毒,对中枢神经系统有麻痹作用,对呼吸运动中枢有抑制作用,还会引起胃肠炎、肝、心脏、肾皮质水肿或脑水肿,因此,为了保护孩子的健康,家长们切忌将发芽的土豆烹饪出菜肴,如果发现土豆发芽,还是迅速扔掉吧。

2.土豆中毒发生后的抢救方式

①家长可自行采取催吐洗胃,用浓茶水或 1:5000 高锰酸钾洗胃的方式处理,如果自己没有把握,最好到医院让医生救治。

②可以让中毒的孩子服用藿香正气丸。

③如果中毒严重,则赶紧送医院治疗。

洋快餐害处多,孩子最好不要吃

"如果你表现好,妈妈带你去吃肯德基"、"宝宝表现不错呀,周日爸爸请你吃麦当劳"……这是生活中随处可见的用洋快餐来奖励孩子的方式。

这些父母或许不知道,洋快餐虽然吃起来美味,但是对身体的伤害却是很大的!洋快餐无论从材料还是制作过程,都不利于营养元素的保存,作为家长,一定要警惕洋快餐对孩子健康的危害!

在洋快餐里面,主食以高蛋白、高脂肪、高热量为特点,而小吃和饮料则是以高糖、高盐和多味精为主。相反,人体所急需的纤维素、维生素、矿物质则很少。

经测算,一份儿童套餐脂肪提供的能量占总能量的50%,而维生素的含量不足脂肪量的10%。而科学的营养标准是:食物热量的58%来自碳水化合物,30%来自脂肪,12%来自蛋白质。按照这个标准,以汉堡包为主的洋快餐则正好与之相反,具有"三高":高热量、高脂肪、高蛋白;"三低":低矿物质、低维生素、低纤维的特点。毋庸置疑,高热量、高脂肪会导致肥胖。对于儿童来说,洋快餐的影响会更加明显,若儿童长期食用洋快餐,久而久之还会对身体发育产生不良影响。

7岁的童童看了电视上洋快餐的广告,就闹着要吃洋快餐。妈妈拗不过他的任性,就带他去了,他不仅吃得满嘴流油,还和小朋友们在滑梯上玩得不亦乐乎。离开的时候,餐厅人员给童童拍照签名留念,还送给他一只玩具熊,童童高兴得不得了。

洋快餐好吃,又有礼物赠送,这使得童童对洋快餐情有独钟,隔三岔五就要求去一次。童童对洋快餐上了瘾,对家里的饭就不太感兴趣了,而且童童的体重明显上升,竟然超标10斤!

眼看儿子就要变成小胖墩,而且也越来越不喜欢运动了,童童的妈妈开始担心,照这样下去,恐怕不只是胖的问题,还有可能有毛病。当童童又闹着要吃洋快餐时,妈妈一气之下打了儿子一巴掌,但是看着儿子哭红的小脸,妈妈又有些于心不忍。妈妈开始反思,让儿子远离洋快餐,打他肯定不是最好的办法。

为了找到有说服力的理由,几天之内,童童的妈妈就搜罗到一堆证据:报纸、杂志、动画片里的小胖墩及有关吃洋快餐的种种害处,她拿给童童看,童童连声说:"太胖了,太胖了!真丑!"妈妈又告诉他,吃多了洋快餐,就会这么胖,跑步都跑不动,而且还可能会得哮喘病。童童有些害怕了,妈妈又温和地对儿子说:"以后,咱们要少吃洋快餐,洋快餐对身体不好。如果你想吃,咱们就一个月吃一次,好吗?"童童懂事地点点头。

对抗洋快餐,童童和妈妈终于取得了阶段式的胜利。

使孩子远离洋快餐,童童妈妈的做法很值得广大父母借鉴。为了使影响孩子健康的食品"杀手"撤离,家长一方面需要掌握必要的食品安全知识,另一方面需要采取合理的方法,让洋快餐远离孩子的身边。

1.家长要进行积极的心理预防

生活中,家长可通过和孩子聊天的机会灌输洋快餐的危害性,比如,对孩子比较崇拜或喜欢的人物,可以告诉他,这些人在小时候就不喜欢吃垃圾食品,所以才这么漂亮、勇敢、厉害!对于这样的观念,小一点儿的孩子可能不会马上理解,但重复的次数多了,他心里会有一个概念:爸爸妈妈不赞成我吃太多这些红红绿绿的东西。等到再有贪吃的欲望时,他就会犹豫。

这是一项长远的说服工作,等孩子大一点儿,有了分辨能力和自制能力,家长的话会潜移默化地影响他今后对食物的选择。

2.转移注意力

当孩子看到周围有小朋友吃洋快餐,难免会"眼馋",这时候,一旁的家长可以将孩子的注意力转移到别的游戏上,比如"游乐场那边的秋千你还没玩呢,现在过去玩一会儿怎么样?"或者"这地方太小,脚踏车跑不快,我们到花园那边去,让汽车和脚踏车赛跑",等等。这样一来,孩子就会把注意力从小朋友的食物上移开,玩得高兴了,自然就把洋快餐忘掉了。

3.丰富日常饮食

在平时的饮食中,要尽可能让孩子多吃水果、蔬菜、坚果、红枣、奶制品之类富含维生素和矿物质的食物,把他那小小的胃占满。饱饱的感觉不会让孩子再生出吃其他食物的欲望,同时又对孩子的健康有益。

别让你的孩子成为小小夜宵族

在现代都市生活的很多成年人，白天在职场摸爬滚打，到了晚上，时间才算属于自己。这时候，很多人便会"开夜车"，做猫头鹰似的人物。活动时间一长，肚子自然就会抗议，这就使很多人养成了吃夜宵的习惯。

可是，家长朋友们有没有留意过，不仅大人如此，很多家庭的孩子也因为这样或者那样的原因成为了小小夜宵族。吃夜宵对孩子的身体有利还是有害呢？或者说是利大于弊还是弊大于利呢？

其实，孩子吃夜宵的坏处有很多，家长们尽量不要让孩子养成吃夜宵的习惯。专业人士介绍说，正常情况下，孩子入睡需要花去的时间一般为10分钟到半个小时之间，而在临睡前一小时内吃过夜宵的孩子，入睡时间将延长20分钟左右。这是因为，孩子吃过夜宵后，整个肠胃处于高负荷运转状态，甚至睡着了也不会很踏实，这样就会影响孩子的睡眠质量，进而影响到身体的健康成长。

案例一：琳达的女儿悠悠是典型的夜宵族小朋友，要说起来，这还都源于她的妈妈无法及时给她准备晚饭。琳达是一名报社的编辑，由于是日报，所以每天晚上都要加班加点，饿了就吃点面包、喝杯牛奶。渐渐地，这一习惯就被悠悠小朋友学来了，妈妈吃的时候，她也会凑过来吃一些。就这样，悠悠养成了吃夜宵的习惯，如果哪天忽然不吃，她都觉得像是少了什么重要的事没做完一样，而她的身体也在今年的体检报告中被批注了"体重肥胖，注意合理饮食"的医嘱。

案例二：晶晶的妈妈在超市工作，由于总是倒班，不能及时给孩子做晚饭，而晶晶每天都在学校把晚饭吃掉了。可是，学校里三四点钟就放学，晶晶吃完饭也就是四五点钟。等到晚上八九点钟的时候，肚子就开始饿了，爸爸妈妈只好让晶晶再吃一顿，有时候因为他们太累了，就不给孩子做饭了，而是让她吃一些现成的食物。谁知这样一来，晶晶的睡眠开始出现了问题，时常在睡着后做噩梦，以至于第二天醒来还受到困扰，爸爸妈妈为此担心不已。

上述事例中悠悠和晶晶都因为经常吃夜宵而导致身体发出了"警告"信号。如果你的孩子也是小小夜宵族，那么就有必要引起注意了。

1.帮孩子养成规律的饮食习惯

孩子的饮食习惯是需要家长从小帮助养成的，一旦形成良好的饮食习惯，孩子就会生成规律的生物钟，到吃饭的时候会饿，到睡觉的时候会困，因此，家长不要因为孩子一两次的"要挟"就轻易妥协，允许孩子吃夜宵，要知道长此以往，对孩子的健康是很不利的，而且到那时想改正就比较困难了。

2.临睡前 3 个小时让孩子吃饱喝足

如果孩子在五六点钟吃饱饭的话，到晚上 9 点钟入睡一般不会感觉到饿。在这期间，家长可以给孩子吃一些水果或者喝一杯牛奶，不过最好在临睡前两个小时左右进行，否则会影响孩子睡眠。

3.如果一定要吃，那就请看看"夜宵红黑榜"

有的家庭由于这样或者那样的原因，不得不让孩子吃夜宵。如果是这种情况，我们建议家长们一定要给孩子选择健康的食物，而不要吃油炸食品、高热量食品等。现在，我们就来看看"夜宵红黑榜"吧，黑榜里的是不能选择的食物，红榜里的是可以选择的食物。

①夜宵黑榜名单：方便面、产气食品（红薯、栗子等）、全脂牛奶或者高脂特浓牛奶、巧克力类点心或糖果、油炸食品等。

②夜宵红榜名单：白米粥、鸡蛋羹、低脂奶、小咸饼等。

别让孩子掉进添加剂的"包围圈"

商家为了自身利益,极尽生产之能事,制造出各种各样的添加剂,满足了孩子们的味蕾,却也剥夺了孩子们的健康。不断曝光的食品安全问题早已将焦点转到了孩子身上:2012 年 5 月 25 日,某电视台曝光了校园周边小食品的安全问题:"巴西烤肉不是肉,辣子鱼不是鱼",都是小作坊用面粉和添加剂做出来的面制品;5 月 27 日,某地质量技术监督局对儿童食品进行专项监督检查结果显示,抽查批次合格率仅为 86.3%,其中超量使用食品添加剂是主要问题;5 月 28 日,某市工商局公布 60 种滥用甜味剂、防腐剂、着色剂的食品名单,其中不乏孩子爱吃的品种;山东、辽宁、广东、广西等地,也有不合格的儿童食品相继被披露。

看到这样的调查结果,家长们或许只能感叹一声:看来只有自己做的食物最安全,买什么给孩子吃都不让人放心了。

事实上,很多受到孩子们欢迎的小零食正和"附着"在它们身上的添加剂一起,危害着孩子的健康。为此,食品安全、营养等方面专家向社会疾呼,儿童食品添加剂问题更需要引起重视!那么,作为孩子的监护人,也是最应该为孩子的健康负起责任的家长来说,更应该引起重视。

据某报纸报道,2012 年 5 月 27 日,该报记者在北京海淀区某小学门前看到,放学后几乎每个孩子手里都拿着小零食。与严肃的学校相比,小卖部仿佛一个童话世界,大罐子里插着五颜六色的棒棒糖,货架上堆着包装鲜艳的膨化食品、干脆面等。记者请张师傅拿了 3 种孩子们最爱买的零食:番茄味的"××"膨化食品、日式牛排味的"××"粟米粒、"××"小比萨橡皮糖。下课铃声一响,成群的孩子争先恐后地跑出校门,其中有一半都涌向了张师傅开的小食品店。

随即，该报记者刚打开"××"粟米粒的袋口，一股浓郁的牛肉味扑鼻而来，但在食品配料表中并没有看到任何和牛肉有关的成分，只有"日式牛排味调味料"几个字，它是由白砂糖、淀粉、食品添加剂，包括谷氨酸钠、焦糖色、食用香料、二氧化硅、阿斯巴甜(含苯丙氨酸)等成分调和而成的。记者数了数，在这3种食品中，共包含25种添加剂，尤其是小比萨橡皮糖里，配料表中仅着色剂一项里就包含了柠檬黄、诱惑红等6种。

在另一家超市里，该报记者在一袋号称"添加果汁和维生素C"的草莓味QQ糖配料表上，同样没有看到任何和新鲜草莓有关的配料。实际的草莓味来自草莓香精，还有明胶、果胶、柠檬酸、山梨糖醇等各种添加剂，还有一种"××"情人果冻添加剂达到了14种，其中各种口味的香精和色素就占据了8种。

味美香甜的小食品不知道吸引了多少孩子，使他们迈开兴奋而匆忙的脚步奔向一个个零食柜台前，可是，这些食品表面上光鲜亮丽、味美可口，可是却暗藏着巨大的风险，如果长期食用，说不定会让孩子的身体健康受到牵连，到那时，家长再后悔恐怕也来不及了。

与其如此，我们不如从现在起就多加注意，尽量让孩子少吃或者不吃小零食，以维护他们的健康。

1.影响儿童健康的五大食品"元凶"

一位教授表示："看着漂亮、闻起来香，孩子们才喜欢，为了达到这个目的，商家往往会使用更多的添加剂。但过量食用添加剂对孩子的身体、骨骼、神经系统乃至智力发育都会有影响。"作为家长，要特别留意以下5种添加剂。

①鲜艳的"外衣"——很多零食、糖果和果味汽水中都会被加入人工色素，这是因为天然色素成本高、着色能力差，为了缩减成本，商家便选用人工色素，它在提炼过程中会混入苯胺、砷等化学物质，具有不同程度的毒性。

②绝佳的香味——很多小食品在打开包装后，会有一股香味扑面而来，这种食品肯定是由多种添加剂人工合成，而其中有一种就叫增香剂。

③人造的甜蜜——有一种名叫阿斯巴甜的东西，它是一种人造的糖替

代品,比蔗糖甜 200 倍。有研究认为,它会引发多种健康担忧,如导致癌症、癫痫、头疼以及影响智力等。

④不坏的法宝——自己制作的食物存放时间很短,而买来的小零食为什么能存放很久呢?这是因为增加了防腐剂,像苯甲酸、苯甲酸钠等都具有防止食品腐败变质、延长食品保质期的功能。对于防腐剂,欧盟儿童保护集团已将其"屏蔽",但由于监管不严,一些商家还会将其使用在儿童食品中。

⑤美味熟肉背后——很多香肠等袋装熟食肉制品往往都含有一种名叫亚硝酸盐的致癌物质,它可以起到着色和防腐的作用,因此会受到不少商贩的青睐。如果大量食用亚硝酸盐,不但会引起急性食物中毒,也会增加患癌症的风险。

2.学习日本"食育",让孩子爱上天然食物

我们为孩子选择食品,绝不能只看包装和花样,而更应该注重营养和安全,这就需要家长和孩子一起意识到天然食物的重要性。在我们的邻国日本,这一点已经做得比较完备。虽然中国现在还没有完善的"食育"体系,但家长可以从最基础做起,比如少买颜色过于鲜艳、味道过于香浓的食品;多给孩子挑选天然的水果和蔬菜;食品保质期越短越好,等等。

塑化剂离孩子有多远

在儿童食品中,有的添加剂是被允许的,而有的则是坚决不允许的。可是一些无良商家为了节约成本,竟然使用法律允许范围之外的东西。曾经闹得沸沸扬扬的塑化剂就是其中之一。

塑化剂又叫做增塑剂,它是一种工业原料,能增加塑料的延展性、弹性及柔软度。工业用的塑化剂种类很多,常用的有 DEHP [邻苯二甲酸二(2-乙基己)酯]、DINP(邻苯二甲酸二异壬酯)等。塑化剂不是食品原料,也不是食品添加剂,严禁违法添加到食品中。

塑化剂中有部分邻苯二甲酸酯类具有生殖毒性,是一种环境内分泌干扰物,也被称为环境雌激素,长期大量摄入将影响人类的生殖和发育,可能使男子精子减少,造成孩子性别错乱,包括生殖器变短小、性征不明显、诱发儿童性早熟。

看到塑化剂具有诸多令人触目惊心的危害,家长们在愤恨无良商家的同时,更应该做的是如何帮助孩子甄选食品,让塑化剂远离孩子。

我国某卫生署食品药物管理局检测员xx女士感到惊诧不已,2011 年 4月,她给某公司的益生菌食品做例行检测,看其中是否含有用于减肥的西药成分。在检测时她发现了一个令人难以理解的异常讯号。

照理说,追查这个异常讯号超出了她的职责范围,但xx女士是两个孩子的母亲,对于儿童食品的安全非常关心,因此,她花了两个星期的时间细心地将这个异常讯号与各种物质的图谱一一比对,结果意外地发现该食品中含有巨量塑化剂,含量超过她所处的地区人均每日摄入标准近 600 倍,就这样,这位执著的母亲无意间揭开了一个食品界暗藏许多年的黑幕。

原来,一家香料公司在其生产的食品添加剂"起云剂"中违法掺入了塑化剂。让人震惊的是,作为该地区最大的起云剂供应商,这家公司将塑化剂当做配方生产起云剂长达 30 年,原料供应遍及该地区。随着调查的深入,被塑化剂污染的食品名单不断扩大,运动饮料、茶饮料、果汁、果冻、果酱、儿童营养保健品……受污染产品竟达数千种,包括多个知名品牌的产品也未能幸免。这起严重的食品掺毒事件震动了该地区,并迅速波及两岸三地。

塑化剂主要表现的是慢性毒性,和三聚氰胺不同,塑化剂不会在体内蓄积。动物实验显示,微量塑化剂在 24~48 小时内可排出体外,因此,微量塑化剂对人体健康没有明显影响,不必过于恐慌。

1.可能含有塑化剂的产品

除了被黑心厂商直接添加到食品中,作为一种工业原料,塑化剂还被广泛应用于多种产品,可以说存在于下列生活的各个角落。

美容美发用品:口红、指甲油、乳液、发胶、香水、洗发水等。

医药保健品:药品、保健品、医疗仪器(注射针筒、血袋和医疗用塑胶软管)等。

儿童用品:玩具、泡沫塑垫、奶瓶、奶嘴等。

包装材料:食品包装材料、保鲜膜等。

其他产品:一次性塑料水杯、塑料手套、雨衣、浴帘、壁纸、清洁剂、润滑油等。

2.怎样避免孩子摄入塑化剂

按照现代社会的生活方式,要完全避免摄入塑化剂几乎是不可能的。正常生活中接触到的塑化剂对人体产生危害的风险不大,但是,我们应从改变生活习惯开始,尽量降低从食物中摄取的塑化剂的含量。

①尽量用玻璃、陶瓷、不锈钢取代塑料制品盛放食物

与塑料相比,玻璃、陶瓷、不锈钢的性质更加稳定,与食品直接接触更加安全可靠。

②正确鉴别塑料包装

正规塑料容器底部都有一个带有数字的三角形符号,这就是塑料回收标志。三角形里标有数字 1~7,每个数字代表不同的材料,消费者可以通过这个标志了解所使用的塑料制品是由什么材质制成的,应该在什么环境下使用。

第六章

游乐安全

玩得开心,更要玩得"安"心

　　"玩"恐怕是最让孩子们心动的一个字了。不管是上树爬墙,还是下河游泳,抑或溜冰滑雪,等等,各种游乐都会让孩子将无邪的童真尽情绽放,让快乐的时光伴随他们成长。可是,玩固然美好和诱人,但是这些活动的背后却都会隐藏着一些不安全的因素。那么,为了排除这些不安全因素,或者为了避免和这些不安全因素"相遇",那么家长应该把游乐活动的安全知识告诉孩子,让孩子像个真正的小大人一样照顾自己的身体。

不当爱爬树的"小猴子"

孩子天性活泼好动,为此常被大人们称作"调皮猴",特别是每到周末或者假期,那些储存于体内的精力和能量就要迫不及待地释放出来,于是他们会更多地投入到各种游乐之中,诸如踢足球、游泳,等等。

但是对于有些孩子来说,他们对这些运动不怎么感兴趣,或者是玩得太多了,对这些活动产生了厌倦情绪,也有的农村孩子可能没有参加这些运动的条件,因此,他们就会寻找新的玩乐方式,比如像小猴子那样爬树。当爬上高高的大树,就会用俯视的姿态观察地面上的一切,这会让孩子们感到无比兴奋。

可是与此同时,安全隐患也就来了,因为孩子有可能会从树上一不小心摔下来,这是不是该引起父母们的重视呢?

9岁的强强有个绰号叫"三太子",这是因为,强强就像动画片《哪吒闹海》里的三太子哪吒似的一点儿也不老实,不是上树就是爬墙,弄得家长很是头痛。

可是自从今年的暑假开始,强强就只能看着别人上蹿下跳地玩了,自己呢,却只能在轮椅上坐着过一把眼瘾。之所以如此,就是因为强强在一次爬树摘桑葚的过程中不小心掉下来摔伤了,脚上打起了石膏,医生说要先静养3个月。

原来,两个月前的一个周末,强强和其他几个伙伴约定好去附近一个工厂里"偷"桑葚吃。其实,那里的两棵桑树虽然每年都长不少果实,可是并没有归属哪一个人,所以也没有人专门负责,每年都是一些贪吃好动的小男孩去把桑葚弄下来,吃到自己的嘴里。

和去年一样，强强今年又加入到了摘桑葚的队伍，看着满树鲜美的桑葚，强强别提有多兴奋了，他自告奋勇地上去摘果实，让大家在地上捡。

可是，就在摘桑葚的过程中，强强不慎从树上摔了下来，造成了手肘和脚踝的两个部位骨折。这下，伙伴们就都叫他"伤太子"了。

活泼好动是孩子的天性，尤其是一些十来岁的男孩子，他们充沛的精力需要释放，于是就会想办法"折腾"，因此出现事例中强强这种从树上摔下来的情况并不新鲜。可我们是否想过，如果我们对孩子进行相应的安全教育，那么是不是可以防止此类事情发生呢？

答案当然是肯定的。如果家长能做到这一点，那么孩子的安全意识自然就会增强，每当想爬树、上墙的时候，也就会掂量掂量，绝不轻易冒险。

当然，不排除即使家长说了千遍万遍，有的孩子也仍旧不把安全当回事，依然我行我素。这样一来，孩子就难免会摔着，甚至受伤。那么，当孩子摔伤后，我们又该作何处理呢？

1.平时多教育，防患于未然

每个家长都希望孩子平平安安、健健康康地长大，孩子受到一点摔伤不但会让身体受苦，还会耽误学习、影响生活，等等，因此，为了避免孩子在爬高上出危险，家长应该对孩子进行相关的安全教育。

①帮孩子提高自我保护意识。家长需要告诉孩子，不要随意到荒郊野外或是树林里玩耍，更不要怀着探险的劲头，不顾一切地去爬山爬树，否则会摔伤，甚至失去生命。

②为孩子安排合理的外出活动时间。对孩子来说，寒暑假是两个最放松的阶段，在此期间，家长就应该为孩子安排好活动时间，多带孩子出去游玩，多让孩子进行户外活动。这样，孩子就会有时间概念，知道什么时候该出去玩、什么时候该用来学习。

2.一旦摔伤该怎么处理

有的孩子受伤了，怕爸爸妈妈责备，不敢告诉家长，要么自己忍受着，要么找同学帮忙，陪自己随便找个诊所上点药，说不定还会遇到江湖郎中。其实,这样做对孩子的身体是非常不利的。家长应提前告知孩子,如果发生此类情况,一定不要隐瞒,而应告诉爸爸妈妈。

再说一说家长这一方面,有的家长以为孩子摔一下没什么大不了的,"越摔越强壮"。殊不知,有可能会因为你的疏忽而耽误孩子及时就医,为以后的身体发育和健康成长带来终生遗憾,因此,如果孩子摔伤后,家长应陪同孩子立即送医院就诊。

捅马蜂窝可是件危险的事儿

我国民间有句俗语叫"捅了马蜂窝",意思就是招惹了不该招惹的个人或者团体,也或者指某类事物,以至于为自己带来难以预料的大麻烦。

生活中,一些植被丛生于树木茂密的地方,往往会有马蜂窝。如果为了贪图好玩或者纯属不小心捅了马蜂窝,很容易引起马蜂们的愤怒,被蜇到也就在所难免了。事实上,马蜂的毒性很大,如果被蜇到,轻则因受伤而疼痛难忍,重则引起死亡。从网络上随便搜一下,就不难发现关于马蜂蜇人的事件。成年人通常不会捅马蜂窝,可孩子们却因为认识不到其中的危险性,只是图一时好玩而捅马蜂窝,导致自己受伤甚至送命。人一旦被蜇到,会产生很严重的后果,甚至死亡。

作为家长,为了孩子的安全,应该提高警惕,不要让孩子成为马蜂们"攻击"的对象。

2011年9月的一天,河北省保定市某小学一位叫刘刚的小学生在和几个同学一起回家的路上,被其中一个同学不小心碰到的马蜂窝里的马蜂给伤到了。原来,几个小伙伴在乡间小路上追逐打闹看,在经过一处果园的时候,一个孩子不小心碰到了低矮处的马蜂窝,这下可不得了,只见里面无数只马蜂瞬间飞了出来，纷纷向几个孩子扑来。

见这阵势，孩子们吓坏了，他们知道马蜂会蜇人，于是赶紧跑。虽然尽力跑，但他们的速度比马蜂还是慢了不少，以至于孩子们都被马蜂叮了，其中刘刚是被叮得最严重的，总共被叮了 50 多下。

随后，刘刚被送到医院救治。经过两个礼拜的治疗，刘刚才得以好转。

作为家长，我们都知道有一些动物的"领地"是碰不得的，比如马蜂窝、蜜蜂群等。一般来说，如果不去碰它们，这些动物也不会主动伤人，可是一旦碰了，可真就"捅娄子"了，如果跑得不快，准会被蜇到。上面事例中那几个孩子，就是因为一不小心碰到了马蜂窝，又跑得慢，所以才被蜇了。

为了避免孩子受这种伤害，家长们应告诉孩子一些基本的常识，让孩子不要因为不了解基本常识而遭受伤害。

1.告诉孩子不要乱捅马蜂窝，这事儿一点儿也不好玩

有的孩子调皮得很，看到马蜂窝、蜜蜂群就想"找碴儿"，拿个棍子什么的去捅一下，直到受伤了才知道自己错在哪里，也有的孩子是不小心碰到的。不管哪种情况都难免不被马蜂蜇，所以在平时，家长可告诉孩子，发现马蜂窝千万不要捅，如果是在居家附近发现的，就及时告诉家长，家长会找专业人士将马蜂窝清理掉。

2.被马蜂蜇到后的处理办法

如果孩子被马蜂蜇伤，家长要采取积极治疗的措施，如果不严重，可以用食醋或者 1% 的醋酸擦洗伤处；如果孩子被蜇的地方感到疼痛或者肿胀得厉害，家长可用冰块敷在孩子被蜇处；如果孩子是被一窝马蜂伤害，那就必须赶紧找医生处理，万不可掉以轻心。

燃放烟花爆竹，你的孩子做对了吗

爆竹声声辞旧岁，每当春节来临、举国欢腾的时刻，鞭炮声就会响彻大江南北、长城内外。美丽的烟花绽放出璀璨的光芒，震耳的响声送走了忙碌一年的人们的疲惫。可是，象征着喜气、祥和、给人们带来愉悦和欢快的爆竹还是一个可以对人的身体健康造成威胁的物品。

每年除夕，都有不少因为燃放烟花爆竹而受伤的人被送往医院救治，轻则皮肤受伤，重则伤残，甚至丢掉性命。

可见，当我们在用爆竹辞掉旧岁的同时，也不要忘了燃放它的安全问题。我们知道，烟花爆竹都是极具危险的易燃易爆物品，如果燃放得不正确，就会伤到自己或者他人，还可能会引发火灾，因此，为了我们生命财产的安全，一定要引导孩子正确燃放烟花爆竹。

除夕之夜，东东和伯伯、叔叔家的两个弟弟凑在一起放爆竹，为了玩得开心，他们不断地变化着新鲜花样，一会儿放到草垛上，一会儿跑到房顶上，几个孩子忙得不亦乐乎，却不知道此时危险正在慢慢向他们靠近。

原来，东东不知道从哪里学来的，他拿来一个酒瓶子，把一个"二踢脚"放到了瓶子里，结果点燃后，啤酒瓶瞬间爆炸，玻璃碴子到处都是，而他们3人都被从空中飞下来的玻璃碴子给扎伤了。此时，东东和两个弟弟才后悔不已。

皮皮同样是因为燃放烟花爆竹不当而受伤。2011年春节期间，皮皮的爸爸单位里发了两箱烟花，8岁的皮皮第一次被允许单独燃放烟花爆竹，因此开心极了。可是，皮皮并没有按照爸爸妈妈告诉他的去小区里放，而是在家中的阳台上点燃了一个烟花。

顿时，家里烟雾缭绕、火花乱飞，墙面和屋里的一些东西都被烧着了，而皮皮自己也被烧伤了。

看完上面的事例，我们很难不为孩子燃放烟花爆竹之事而揪心。可是，话说回来，很多孩子，尤其是男孩非常热衷于燃放烟花爆竹，要是大人坚决阻止似乎有点"不近人情"，因此，这就要求做父母的，特别是做父亲的一定要教给孩子怎样燃放烟花爆竹，并且自己要做好监督工作，绝不可犯东东和皮皮这样要命的错误。

1.家长做好表率，让孩子在安全的地方燃放

城市里很多小区内严禁燃放烟花爆竹，只允许在小区外面放，但仍有个别家长不遵守这一规定，私自在小区内燃放，往往导致自己或者他人受伤。这样的家长带给孩子什么样的影响不言自明，因此，要想让孩子选择正确的地方燃放烟花爆竹，家长首先应从自己做起，绝不在不被允许的地方燃放，而应到安全的地方燃放。

2.告诉孩子正确点燃爆竹的做法

绝大多数家长在孩子燃放烟花爆竹的时候都会反复叮嘱"一定要注意安全"、"注意周围有没有其他人"，等等。这样做虽然起到了提醒作用，但是不够具体。正确燃放烟花爆竹的第一步就是正确点燃。那么怎样做才算是正确点燃呢？

专业人士介绍，燃放烟花爆竹的时候，先要注意保护好自己的耳朵，先把左臂伸过去，然后用肩膀的一部分护住左耳朵，接着用左胳膊环抱头顶，再伸左手捂住右边的耳朵。同时，为了保护眼睛不受伤害，在确定好烟花爆竹的点燃位置后将头偏向一边，并尽可能离爆竹远一点。点燃的时候，要将胳膊尽可能伸长，点燃后迅速向后跑开。

3.不要拿鞭炮开玩笑

有的孩子喜欢将鞭炮拿在手里点燃，在点燃的瞬间赶紧扔出去，还美其名曰"摔门炮"，殊不知这样是非常危险的，坚决不能这样做。家长应告诉孩子，万一鞭炮响了，自己还没来得及扔出去，那么就肯定会受伤。还有的孩子喜欢拿着点燃的小鞭炮向小朋友身边扔，以为这样很好玩，其实这样也是非常危险的,如果引燃对方的衣服或者头发,那么很有可能会烧伤皮肤甚至毁容,后果不堪设想。

孩子外出游玩不可不知道的安全守则

孩子的天性就是爱玩,如果问一个成年人,童年什么最快乐,估计很多人都会说是因为可以无忧无虑地玩。

对孩子来说,寒假、暑假这种较长时间的"大解放"很难得,于是便会趁着这一时机好好外出游玩一下。

孩子的想法简单,就是为了玩,可家长却不得不为他们考虑,这么小的孩子没有安全意识,出了问题该怎么办?可是又不能因为惧怕危险而总把孩子"关"在家里。

其实,要想满足家长们既想让孩子外出游玩,又希望孩子安全的愿望并不是太难,只要平时多给孩子讲一些安全常识,如此孩子自然会时刻注意自己的人身安全,危险情况的发生概率自然就小了。

靖宇是常德市某学校的一名学生,一年暑假期间跟着几个在读初高中的表哥表姐一起到张家界游玩。虽然同在一个省份,但是靖宇从没来过张家界,而且每次外出都是家长跟着,所有事情都得听家长的,没有自主权。这回好了,陪伴自己的都是比自己大不了几岁的表哥表姐,他们都会宠着自己一些,所以自己说话也就"有分量"了,靖宇别提有多开心了。

他们跟着旅行社先是到达了入住的酒店,第二天才能去景点。好不容易熬过了这一晚,靖宇和表哥表姐便跟着旅行社安排好的汽车前往景区,可是很遗憾,路上发生了交通事故,虽然不算很严重,但是靖宇因为没系安全带而受了伤。

知道受伤的原因后,靖宇才明白过来,以前多亏父母在身边提醒自己,而这次表哥表姐们由于常识不足而没有提醒自己,使自己受了伤。靖宇决定,以后还是让父母陪着出来比较好,而且自己也一定要想着系安全带。

虽然受了点儿伤,但幸好没有生命危险,否则这将是靖宇及其家人一辈子的遗憾。实际上,对于尚且十几岁的孩子来讲,家长对他们外出游玩总是怀着一颗忐忑不安的心。那么,怎么才能让家长不必如此,或者说家长该怎么做,才能让我们的孩子在外出游玩时掌握安全守则呢?

1.准备工作要做好

不管是去远一些的旅游景点,还是在市内周边的公园等地游玩,家长都应该考虑到孩子的安全问题。具体来讲,可以从以下几个方面着手:

①在临出发之前,家长应尽量把旅游的路线告知孩子,这样可以让孩子失踪时便于联系家长。

②将一些应急设备带好,比如手电筒、创可贴、纱布、消毒纸巾等,一旦遇到突发事件,可以对孩子进行及时救治。另外,如果是炎热季节外出,还需要做好防晒工作,给孩子涂上防晒霜或者配戴太阳镜,等等。

③和孩子一起约定一个紧急处理的计划,里面可以有这样的内容,比如遇到危险该怎么做、如果走散了该怎么做,等等。

④为孩子准备好一张联系卡,上面写上孩子的姓名和家长的联系电话,这样便于孩子走失而又不知道父母联系方式时让警察或好心人帮忙。

2.家长教给孩子的安全知识

①即使你的孩子像孙悟空一样不老实,一旦要外出游玩,也一定要嘱咐好,不要随便乱跑,要紧跟家长身旁。

②坐车的时候要系好安全带,不要因为不想受束缚而不系安全带,那样会非常危险。如果乘坐船只这种交通工具,不要跑到甲板上玩耍,小心落水。在过马路的时候,一定要注意遵守交通规则。

③如果和家长走散,先不要惊慌失措,而应冷静下来,可根据之前和家长约好的地点或给自己留下的联系方式来取得与家长的联系。但需要注意的是,可以请景点的工作人员帮忙,而不要随意向陌生人求助。

溺水无小事，如何让孩子免遭此劫

每到夏季，媒体上总会时常报道出几起儿童溺水事件，有的是在自然水域游泳不慎落水，有的是一个人溺水，其他伙伴施救，结果人没救上来，自己也跟着丢掉了性命。

对于这样的事故，别说孩子的亲人，就连身为家长的我们看到后都感觉痛心，那么宝贵的小生命就这样消失了，实在是可惜。

应该说，这些失去生命的教训也为所有家有幼童的家长们敲响了警钟。那么，我们怎么做才能让孩子不至于遭溺水之劫呢？

2011年6月18日，长沙市某学校4名学生放学后来到某自然水域游泳。几人中，只有一人稍识水性。当时，识水性的孩子下水试了试，没有发生意外状况，另外一个孩子不懂水性，下去后不小心脚下滑了一下，当即就被水冲走了。识水性的孩子赶紧上前搭救，可是河水汹涌，两个人都被河水吞没，其他两个还在岸边的孩子开始呼救，民警迅速赶到。但是由于河水湍急，两个孩子早已不见踪影。

还有一个事例，其中一位当事者是这样描述的："暑假，漫长而又炎热。每次一到暑假，我都会和朋友到少年宫的游泳馆去游泳。但是这个暑假，我却不能去，因为发生了溺水事件。

"那一天，游泳班像往常一样上课，有一个小孩趁教练不注意游到了深水区，等到他感到害怕时为时已晚。他极力挣扎，感到自己的身体慢慢往下沉，想叫教练，但教练已听不见他微弱的求救声，因为他的求救声早已被其他孩子的嬉戏声所覆盖。他沉了下去，只有平静的水面还冒着泡。

"等到教练发现他时，把他救了上来，火速送往医院。经诊断，大脑已经死亡，他成了植物人。溺水事件的发生引起了人们的高度重视，游泳馆停业整顿，再也不允许去游泳了。"

通过上述两个事例，我们可以看出，不仅自然水域充满了危险，就连人工水域如游泳馆也同样会发生溺水事故。由此可见，游泳虽然是一种好的健身运动，但是也存在很大的风险。

那么对于家长来说，要想防止孩子溺水，有哪些好的办法呢？

1.教给孩子一些安全游泳的知识

①不要在饭前或者饭后游泳，这是因为空腹游泳会影响食欲和消化功能，容易让人头昏乏力，而吃饱了肚子游泳也会影响消化功能，容易产生胃痉挛、腹痛等现象。

②游泳前先做好准备活动，比如先用水往身上拍打一会儿，这样便可缩小水和人体体温之间的差异。另外，不要在剧烈运动之后游泳，因为剧烈运动本身就会增加心脏负担，再接着游泳的话容易患感冒、咽喉炎等。另外，还要准备好游泳帽、游泳镜和耳塞等。

③家长应告诉孩子，一定不能去自然水域游泳，而应由家长陪着去游泳馆等人工水域游泳。

2.让孩子注意游泳安全

①家长应告诫孩子，要想游泳首先得遵守泳池的规则，比如，不要在无专业人员指导的情况下冒险跳水，否则容易受伤。

②假如游泳技术不熟练，在遇到危险时必须大声喊"救命"以寻求帮助，如果没有人来帮助自己，那么也一定要保持冷静，并设法自救。

③如果在游泳过程中发生呛水，不要慌张，可以先在水面上闭气静卧一会儿，然后再把头抬起来，调整呼吸动作，这样很快就可以恢复正常，不然的话，有可能引起喉头痉挛，造成溺水。

告诉孩子不要贸然施救落水伙伴

孩子的心是最纯洁无瑕的，当面对伙伴遭遇不测，他们会首先想到自己去帮忙，只是这些可爱的孩子们忽略了一点，就是他们自己能不能有这个能力帮助伙伴，而大多数情况是孩子不具备这样的能力。在这种情况下，一旦孩子行动，那么很可能别人没救成，却连自己也搭了进去。

家长们时常看到一些报道，说某某孩子为救溺水的同伴，却将自己也葬身水中。类似这样的现象不得不引起家长们的关注，我们应该教育自己的孩子，在拥有爱心的同时更不要忘了理智地给予他人帮助，否则就像小说里提到某个鲁莽英雄所具备的"匹夫之勇"，实在不足称道。

那么，当孩子遇到别人落水时，我们该怎样教育自己的孩子怎样去做才是最理智的呢？

2010年8月9日，山东日照烈日当头，气温高达33摄氏度，刚刚在开着冷气的房间里睡醒了午觉后的10岁小学生刘波走到阳台上伸伸懒腰、醒醒盹。忽然，刘波发现在离自己家不远处的一处水塘里有两个和自己差不多大的孩子在游泳，有一个只是在边上扑腾扑腾，似乎还不太会游泳，另一个则扮演"老师"的角色，站在岸上用手比画着教那个孩子怎么游。

可是，过了一会儿，只见逐渐湍急的水流让那个孩子呛了口水，一个劲儿地咳嗽，站在岸上的孩子赶紧告诉那个小孩稳住，可那个孩子却越发紧张起来。岸上的孩子没有多想，便脱掉衣服和鞋子跳下水去救伙伴。

施救的孩子想抓住伙伴，可怎么也抓不牢，就这样眼看着同伴落水而干着急。

此时，刘波的心也跟着提到嗓子眼，他一看不好，赶紧拿起家里的电话报了警。随后，刘波在妈妈的陪伴下赶到了河边。值得庆幸的是，由于救援人员来得及时，落水的孩子没有被淹死，最终被救了上来。

这个事例中，游泳的那两个孩子从落水到被救的过程真够让人忐忑不安的，不过好在刘波小朋友急中生智，在他及时报警的帮助下，让溺水者转危为安。

事实上，或许并不是每一个孩子都能够理智地面对伙伴溺水事件，那个施救的孩子空有一颗助人为乐的爱心，却因为不够理智而险些让自己也发生危险。

所以说，对于孩子如何面对伙伴落水之事，还需要家长对孩子进行一番教育，教孩子在对伙伴施救之前一定保持冷静，不要贸然行动。

应该对孩子加强安全教育。不要让孩子随意到外面游泳，否则很容易造成意外事故。

让孩子理智地面对"见义勇为"的行为。如果能够做到"见义智为"，才能在勇敢地保护自己的同时想办法机智地救助别人。现行的教育总是片面强调"勇"的一面，这使得不少孩子在救助别人时往往是"奋不顾身"地迎着灾难而上，不计后果地紧急施救，结果往往是悲剧大于喜剧——有时候不仅没有成功地救助别人，自己可能也遭受了严重的伤害甚至是与被救者一样无辜丧生。

1.在不能保证自身安全的情况下，不要贸然下水救伙伴

有的孩子认为自己水性好，看到伙伴落水便马上施救。这些孩子不知道，救助落水者是需要较大力气的，如果自己无法保证自身安全，那么还是不要贸然施救，否则很可能不但无法将落水者救起，甚至连自己也发生灾难性后果。

2.紧急情况下的应对措施

当发现伙伴落水后，为了防止对方情绪急躁、慌乱，家长可告诉孩子要大声安慰溺水者，让其保持安静，等待救援。如果周围有成年人，那么就一定要马上大声呼喊，引起大人们的注意，好让大人救出落水者。另外，如果附近有船只的话,可以马上将船划到落水者附近,并将船桨递给溺水者,但需要注意的是,一定要站稳,不要被溺水者拉下水。

教孩子学会应对溺水事故

虽说我们大力提倡不要让孩子去自然水域游泳,但是由于一些客观因素的限制,再加上孩子天性本身的因素,当暑假来临、天气炎热的时候,总会有一些孩子到河里游泳。

其实,这种时候很容易发生溺水事故,因为夏天雨水普遍较大,再赶上汛期的话,河水就会变深,河道也就更为复杂。针对这种情况,家长们如果实在不能避免让孩子去游泳,那么就从教会孩子一些应对溺水事故的知识来保证孩子的安全吧。

北京郊区某县的亮亮是个 11 岁的小男孩,从小就活泼好动,从 7 岁多就开始在离家不远的一处河里游泳了,因此,亮亮养成了较好的水性,父母对儿子游泳也就越来越放心。

去年暑假,除了阴天下雨,凡是有太阳的时候,亮亮都忘不了去河里游泳,时间不长,一般半个小时就回家。

这一天,一个小时过去了,亮亮还没回家,亮亮的妈妈有些着急了,儿子不会出什么状况了吧?

就在这时,亮亮推开了家门,回来了,亮亮妈才算松了口气,可是妈妈发现亮亮头上有个大包,紫青紫青的,就问亮亮是不是和别人打架了。

亮亮说,不是的,是游泳时不小心磕的。

原来,亮亮游泳要结束的时候,准备临上岸前把脚底沾的泥巴洗干净,于是一头扎到水里,可是一不小心碰到了一块类似木桩的东西上面,磕到了头。

顿时，亮亮感到非常疼痛，而此时和他一起去游泳的小伙伴们听到亮亮因为疼痛而喊叫的声音，顿时给吓傻了。不过，亮亮很快镇定下来，强忍着疼痛游回了岸边。

为了给自己"压压惊"，亮亮在岸边坐了一会儿，和伙伴们聊了会儿天，因为伤得不重，所以也没打算去看医生。

就这样，亮亮晚回家了半个小时。当他把这个过程讲给妈妈听的时候，妈妈向他竖起大拇指，觉得自己的儿子了不起。同时妈妈也认为，多亏这几年告诉孩子的一些应对游泳时突发状况的应对措施，这回真是派上用场了。

亮亮算是有惊无险，而这也多亏了他临阵不慌的精神品质，如果当时亮亮只顾了头疼而慌乱不已，那么可能就无法顺利游到岸边，也可能就发生什么不测了。

看完这个事例，我们可以了解到，原来亮亮的家长在孩子游泳问题上是下了很大工夫的。同样作为家长的我们，是不是也能做到像亮亮父母这样积极主动地告诉孩子一些游泳中的自救和求救的知识呢？

1.让孩子懂得一些自救常识。家长不要以为孩子接受不了这么"复杂"的知识，实际上，孩子的接受能力是很强的。比如，家长可告诉孩子一旦遇到溺水，千万不要慌张，也不要拼命挣扎，最好抓住身边可以抓到的东西。

2.如果在游泳过程中突然感到身体不适，比如头晕、恶心、心慌等，不要再继续坚持游下去，而是赶紧上岸，如果有伙伴或者家长一起，也要赶紧告知他们。

3.如果游泳的时候出现小腿抽筋的情况，也不要惊慌失措，可以让抽筋的那条腿使劲儿用力蹬，这样可以缓解。如果采取措施仍未能缓解，那么就赶紧上岸。

4.家长要做好监护工作。孩子毕竟还小，对于一些危急问题的处理能力远没有大人强，因此，如果有可能，家长还是陪孩子一起游泳比较好，而不要让孩子单独行动。

怎样让孩子避免踩踏事件中的伤害

"2010年11月29日12时许,位于新疆阿克苏市杭州大道的阿克苏第五小学发生踩踏事故,40余名学生受伤,其中7人伤势较重。"

"2009年12月7日晚,湖南湘乡市育才中学发生的学生踩踏事件造成8人罹难,26人受伤。"

类似发生于校园中的踩踏事故的报道不时地见诸报端,它们深深刺激着每一位家有儿女的父母。中国劳动关系学院安全工程系教师王起全等人在发表于2008年的论文中表示,经他们统计,2000年至2006年间,国内外大型活动中发生85起踩踏事故,造成4026人死亡,7513人受伤,平均每起踩踏事故死亡人数约为47人,平均受伤人数约为88人,平均每起事故都达到了我国规定的特别重大伤亡事故级别。

这些事件不仅给社会、学校敲响了警钟,也让很多家长生出忧虑:如果我们自己的孩子遭遇踩踏事件该怎么办?

"如果是踩踏事故,叠在下面的人,几分钟后就会窒息而死。"公共安全危机干预专家高锋在接受媒体采访时这样说道,在踩踏事故中,人人相叠可以垒到五六层。高锋介绍说,除了窒息而死,还有些遇难者是直接被踩死的。

踩踏事故之危害已经成了我国需要面对的重大公共安全课题。对家长们来说,为了让我们的孩子避免遭此伤害,我们有必要对孩子进行相关的教育,保护好孩子的安全。

2009年12月7日晚10时许,湖南省湘潭市辖区内的一所私立学校发生了一起严重的踩踏事件,共造成8名学生遇难,26名学生受伤。这一惨剧发生在当天晚上9时许晚自习下课之际,孩子们在下楼梯的过程中,由一名学生跌倒骤然引发。

据该校的一名学生回忆说，当天晚上9点10分下晚自习后，他从4楼的教室走到3楼楼梯口的时候，看到好多同学都挤成了一团，人流缓缓地挤到二楼至一楼的楼梯间，拥挤变得更加厉害。突然，有几个人摔倒在楼梯间的平台上。

这名学生说，前面的学生摔倒后，后面的学生还以为前面有人在故意拦他们，于是拼命往前挤。该学生被夹在人流中，忽然感到被人从背后猛然一推，往前便倒下了。在此紧急关头，该学生赶紧用一只手撑在地上，头部顶在一个靠在墙角的同学的脚上，在他的身体下面还有一个同学，上面也有一个同学压着他。

这时候，这名学生无法脱身，他表示，自己当时十分害怕，到后来看到有手电的光泽闪动，知道是有人来救援了，心才稍稍放松。

相对于这个孩子来说，其他二三十名孩子就没这么幸运了，他们轻则被挤压受伤，重则因为严重挤压，窒息而死亡。

当听闻鲜活的生命在踩踏中变为无声的亡灵，实在让人痛心，怪不得有人把踩踏事故称为"校园里的矿难"！我们知道，由于孩子活泼好动，再加上自我保护能力差，使得他们遭受严重踩踏事故的可能性更高。而作为孩子监护人的家长，我们必须尽自己所能地保护好自己的孩子，让孩子远离此类伤害。

1.在突在发事件面前，教孩子冷静对待

孩子的经历少，而且平时多由父母保护和关照，自己应对一些紧急情况的机会几乎没有，这就需要父母适当地给孩子灌输相关知识，以增强孩子的安全防范意识和自我保护意识。我们首先让孩子学会的，就是在突发事件面前冷静对待。因为当处于恐慌、愤怒等情绪中时，人是最容易失去理智的，危险也就容易在这时候发生了，所以，我们要让孩子不管什么时候都保持冷静，学会判别危险，并设法离开危险境地。

2.告诉孩子不要到人群密集的地方去

有的大人爱凑热闹，好奇心强的孩子就更是如此，所以他们喜欢到一些人群密集的地方去。可是,孩子们不知道,这些地方是比较容易发生踩踏事故的,一旦发生,危险相当大,比如球场、商场、影院等,这些场所都隐藏着潜在的危险,如果一定要去,也要让孩子加强自我保护意识,免受伤害。

3.当遇到前面有人摔倒时该怎么办

有的孩子遇到踩踏事故时不顾一切向前冲,或者慌了神,干脆随着拥挤的人群倒下去。其实,这时候最应该做的是大声向后面呼喊,好让后面的人知道此处发生了什么事,否则,后面的人就会继续往前挤,危险也就更容易发生。另外,我们还应告诉孩子,当发现拥挤的人群倒向自己这边的时候,应该立即避到一旁以躲避踩踏。如果被人推倒,要想办法让身体靠近墙壁,将身体蜷缩成球状,用双手及手臂抱紧头部,双膝抵住脏腑等器官。

教会孩子在低温下生存的技巧

万物生长离不开 3 个条件,即氧气、水和温度,人作为万物之长自然也不例外,但当孩子在外游乐过程中,有可能遭遇大风雪天气,或者因为迷路、受伤等不得不滞留荒郊野外。如果气温很低的话,就会使身体内部产生的热量小于身体散发的热量,这样一来,就会表现出反应迟钝、行动不便,甚至头疼、腹痛或者视觉模糊、昏迷等。

然而,这一过程又往往较为缓慢,不容易很快被察觉,所以,想要让孩子能够在低温下生存,家长们可以教给孩子一些技巧,以防止体内热量大量散失,提高机体对于寒冷的适应能力。

磊磊是河北省邯郸市的一个 12 岁男孩,刚刚进入青春期的他很是叛逆,常常和家长老师作对,又因为爸爸妈妈教育方法不当,致使磊磊在一次和父母产生的大矛盾过后而选择离家出走。

由于磊磊的父母在气头上,面对儿子的行为也没加以阻拦,他们原本以为磊磊只是吓唬一下自己，说不定跑哪个同学家待一阵就回来了。

可让磊磊的爸爸妈妈没想到的是，磊磊居然真的离家出走了，经过一天一夜翻天覆地地找寻，也没有任何音讯。

这下可把磊磊的父母急坏了，他们赶紧向警察报案。

随后，在警方的努力和配合下，终于在辽宁某地的一个破草屋里找到了饥寒交迫的磊磊。

原来，磊磊一气之下拿上所有属于自己的两百多元压岁钱，到火车站随意买了一张火车票，坐着慢腾腾的火车到了辽宁。

那时候正值寒冬腊月，东北的寒冷让磊磊始料未及，他身上穿的毛衣毛裤根本挡不住凛冽的寒风和零下十几度的气温。

此时的磊磊害怕极了，他开始后悔自己的冲动行为，到了晚上，由于没钱住旅馆，他只得在大街上寻找"免费"的栖身之地。

好在磊磊是个机灵的孩子，他看到一处草场，那里有很多晒干的庄稼的秸秆，还有很多稻草，于是磊磊就像见到救星一般向草场跑去，他用稻草和秸秆给自己搭建了一个"房子"，身上盖着厚厚的稻草，周围也让稻草围了个严实。就这样，磊磊得以安然地度过了寒冷的夜晚。

当警察找到磊磊的时候，磊磊正在稻草"房子"里啃干面包呢。

尽管磊磊离家出走的行为让家长为之揪心，但他能够在寒冷的夜里用稻草为自己搭建一所"房子"也着实算是机智之举。很多家长可能会想，如果自己的孩子因为游玩、迷路等置身寒冷的野外，又没有家人陪伴的话，他能顺利熬过寒冷、保住自己的生命安全吗？

在此，我们就来学习一些方法，将这些告诉我们的孩子，说不定会在关键时刻起到帮助呢。

1.注意着装保暖

一些稍大点儿的孩子出于好奇，可能会约上三五好友到野外探险旅行。如果家长也认为这样做可以锻炼孩子的意志和独立生存能力的话，就没必要阻止孩子，但同时需要提醒孩子要注意安全。具体来说，首先要让孩子备好防寒隔热的衣物,比如携带方便又实用的羽绒服。

另外需要提醒孩子,由于夜晚的时候气温会比白天低,那么最好把衣服的袖口和裤口都收紧,戴上遮住耳朵的帽子和手套,同时还需注意保持衣物的通气性,否则衣服过紧不但不会让人感到温暖,反而会寒冷。

2.经常活动按摩

当身体活动时,可以产生一些热量,所以如果处于低温环境而又缺少从外界加热的设备时,就要让身体多活动活动,也可以用手对膝盖、腕部、胃部等地方进行按摩,以促进血液流通顺畅,且不致受寒而引发身体不适。

3.构筑"猫耳洞"藏身

上面事例中磊磊的做法就很值得提倡。作为家长,我们也应该告诉孩子,如果在野外遭遇低温,那么就要利用现有条件为自己保暖。当然,有的地方可能没有稻草,那么我们可以让孩子在沟壑或者土坡的侧壁处掏一个可以栖身的洞,人们俗称这个洞为"猫耳洞"。需要提醒的是,挖猫耳洞时,应注意洞口开设在土质好的阳坡、背风的地方,而应该避开阴坡和风口。

万一孩子身陷沼泽怎么办

我们时常会听到"心灵的沼泽"、"情感的沼泽"等比喻性词汇。沼泽其实是一种自然界的现象,也可以说是产物。

在百度百科里,关于沼泽是这样解释的:在气候湿润的地区,河水挟带着泥沙汇入湖泊,因为水面的突然变宽,水流速度减慢,携带泥沙的能力减弱,泥沙便在湖边沉积下来,形成浅滩。还有一些微小的物质随着水流漂到湖泊宽广处,沉积到湖底。随着时间的推移,湖泊变得越来越浅,并且在湖水深浅的不同位置,各种水生植物逐渐繁殖起来。在湖泊深处,生长着眼子菜等各种藻类；在较深的地带，生长着浮萍、睡莲、水浮莲等；在沿岸浅水区，生长着芦苇、香蒲等。它们不断生长、死亡，大量腐烂的残体不断在湖底堆积，最终形成泥潭。随着湖底逐渐淤浅，新的植物又出现，并从四周向湖心发展，湖泊变得越来越浅、越来越小，最后，原来水面宽广的湖泊就变成了浅水汪汪、水草丛生的沼泽。

由此可见，沼泽地的特点决定了它具有很强的危险性，如果我们的孩子一不小心深陷其中，就可能招致身体受到伤害。不过，陷入沼泽也并没有那么可怕，只要我们教会孩子一些方法，是可以成功自救的。

龙龙一家生活在南方某农村地区，那里气候湿润，湖泊众多，尽管没有城市里的孩子们那么多的游乐场所和游玩设施，但是龙龙和小伙伴们却从自然界中寻找到了天然的"游乐场"。

除了冬天之外，其他春、夏、秋3个季节，龙龙都可以到河里去洗澡，或者到植物繁茂的地方去捉迷藏，或者到湖边钓鱼。

去年夏末秋初的一天，龙龙又和几个小伙伴一起外出玩耍了，这次他们的目的地是离村子不远的芦苇荡，他们要去那里抓蚱蜢，然后烤熟了吃。

芦苇荡里的蚱蜢多得无法计数，这让龙龙他们开心不已，不一会儿他们就抓了几十只。可是，孩子们越抓越来劲，丝毫没有见好就收的意思。

就这样，一直抓了两个多小时，龙龙见芦苇荡外围的蚱蜢已经因为他们连抓带吓而少了很多，便提议往里面探一探。

这一探可不要紧，由于没注意，一不小心，几个孩子纷纷落入了一处沼泽地，顿时身体就沉下去了一大截。

孩子们给吓坏了。不过，幸好其中最大的一个孩子在出门时拿了父亲的"山寨"手机，他赶紧给家里拨了电话求救。最后，还是大人们将几个孩子救了出来，总算有惊无险。

几个孩子由于光顾着玩耍而身陷沼泽，幸亏及时联系到了家长，否则后果不堪设想。我们知道，一般来说，沼泽地多出现在湖泊、河流边缘地带，或者是森林荒野处，而不会出现在繁华地段，所以说，在日常生活中遇上这种

147

陷入沼泽的事情的概率是小之又小的,但是孩子们往往喜欢户外活动,而又缺乏这方面的技巧,一旦遇上紧急情况,就不知如何是好,所以,还需要家长在这方面多为孩子做一些工作,以帮助孩子在身陷沼泽后能够成功自救。

1.怎样识别危险的沼泽

沼泽一般在潮湿松软的水边或荒野地带,要十分小心寸草不生的黑色平地。同时,应留意青色的泥潭藓沼泽。有时,水苔藓布满泥沼表面,像地毯一样,不容易被发现,而这恰恰是最危险的陷阱。

如果无法绕过泥潭遍布的地方,就要沿着有树木生长且地势较高的地方走,或踩在石南草丛上,因为树木和石南都长在硬地上。如不能确定走哪条路,可向前投下几块大石头,待石头落定后可确定是否可以落脚。

2.陷入沼泽或流沙后的自救措施

陷进沼泽后,最关键的是不能慌张。陷入沼泽并不像跌落到水中,人一掉进去就被淹没了。跌进泥沼地中,会慢慢地下陷,但是一旦被埋没,就真的进了阎王爷的府里了。这时候,如果大叫或挣扎,只会加剧下陷的速度;如果左顾右盼,一时又找不到可以扶持的东西,那么时间一浪费,生命便危在旦夕了,所以,不管周围有什么,第一时间是全身趴在沼泽上或仰躺在沼泽上,就不要管泥巴有多脏了,没什么比你的生命更重要。伏在沼泽上的时候,要么脸朝下,要么脸朝上,根据自己的情况而定。平躺之后,自救措施就实施成功了一半,下一步关键就是要把你陷进去的腿给抽出来。以脸朝上为例,腿要向上抽动,不要两条腿同时抽,要一来一回左右交叉地往沼泽外抽,一抖一抖,腿就容易出来了。然后,身体不要动,而要动头,用最清醒的意识去找沼泽的岸边,确定方位后,朝着那个方向滚。需要注意的是,打滚的速度不能太慢,要靠上半身的力量,不能用腿,否则斜着陷下去,之前的努力就白费了。

遭遇动物伤害，如何自救呢

活泼好动的孩子不希望总被束缚在由钢筋水泥铸造的"牢笼"里，一有机会便会想法释放自己蓬勃的能量，于是，到野外探险成了很多孩子热衷的选择。

孩子们只知道投入大自然的乐趣，却往往忽略了自然界中存在的一些危险，其中主要的一点就是遭受动物的伤害。

一旦被野生动物伤害，不但会使游玩兴致大打折扣，有时候还会危及孩子的生命安全，所以，家长们在放任孩子去野外游玩的同时更要注意教孩子懂得如何避免遭遇动物伤害、一旦被伤害该如何自救的知识。

据某报纸报道，某职业技术学院一位老师曾爆料称：2011年的一天，该学校中药专业某班的学生跟着老师到野外实践，按要求，同学们必须头戴安全帽，脚穿厚山袜，左手提一只药袋，右手扛一把锄头，全副武装，可一位姓杨的同学由于鞋子穿小了，也没有穿上厚山袜，这差点要了她的命——采药时被一条蛇袭击。

随后，老师赶紧联系市里的医院，接到电话的吴大夫立刻翻山赶到杨同学被咬的地方。

只见她脚上有两个小洞，伤口已经开始红肿，伤口上端已用绳子结扎，防止蛇毒扩散，老师正在用清水冲洗伤口。

"这一定是毒蛇咬的，必须马上处理伤口。"根据经验，被蛇咬后留下两个小洞是有毒的蛇，如果是没有毒的蛇，会留下一排细密的齿痕。

"你们谁看见了？是什么样的蛇？"吴大夫问，"知道是什么蛇的毒才能使用蛇毒血清。"

可蛇咬了杨同学一口,就不见了踪影,只有一个同学记得是一条黑白花纹的蛇。

不确定是什么蛇,就算送到医院也不知道用什么血清啊,又是在野外,延误最佳治疗时机怎么办?

"你别慌,我们一定能救你。"吴大夫找来别针把伤口划开,把毒素挤出来,同时开出了药方:让同学们去找半边莲、七叶一枝花和蛇舍。

这些都是平常学到的草药,很快,大家就找到了,在石头上清洗、挑选,然后捣烂取适量药汁给杨同学内服,将渣外敷在伤口上,处理完毕后,让男生轮流将受伤的杨同学背回宿营地。

"回营地后的12个小时里,我们丝毫不敢放松警惕,晚上大家都没睡着。"吴大夫说,第二天杨同学起来后很正常,3天后,蛇毒就解了。

事例中,吴大夫用现成的药材救治了被毒蛇咬伤的杨同学,让我们领略了我国传统医学的伟大,也启发了我们一旦在野外遭遇意外该如何保护自身的安全。下面,就介绍一些常见的野外遭受伤害的自救措施。

1.遭遇猛兽袭击

猛兽一般会先咬猎物的脖子,猛禽一般先啄猎物的眼睛。由于森林覆盖率低,人们遭遇野兽袭击的可能性不大,但在野外遭猛兽袭击的可能性还是有的。

若遭到猛兽袭击,可以用手抠猛兽的眼睛,这一招很灵,方法是先用身子紧贴猛兽腹部,并用头顶住猛兽的脖子,再想办法下手。

2.被毒蛇咬伤

家长应告诉孩子,当被蛇咬伤后,不要用力奔跑,因为跑动的时候会加剧人体对蛇毒的吸收和蛇毒在人体内传播的速度。另外,在移动或自救的过程中,伤口的原始形态可能会受到破坏,从而加大医务人员的判断难度。

所以,在咬伤后要清楚地记下蛇咬伤口的形态,到达医院后即时详细地告诉医务人员。如果能够把蛇打死,则把死蛇也带上,这样能让医务人员及时、正确地给予治疗。

还有，当被蛇咬伤后，应马上用柔软的绳或带结扎在伤口上方。如手指被咬伤，扎在指根；手掌或手臂被咬伤，扎在手腕上或肘上；小腿被咬伤，扎在膝关节上方。并且动作越快越好，以减少毒液蔓延。

3.被虫子蜇伤

有些虫子具有很强的攻击性，比如黄蜂、蝎子、蜈蚣等，这些均是有毒的虫子，一旦被它们蜇伤，伤口会疼痒、红肿，并伴有头晕、恶心、呕吐等症状。这时候，要先挤出毒液，然后用肥皂水、氨水、烟油、醋等涂擦伤口，或把马齿苋捣碎，将其汁冲服，渣滓用于外敷，也可将蜗牛洗净捣成糊后涂在伤口上。此外，蒜汁对蜈蚣咬伤有疗效。

另外，野外时常有蚂蟥出没，它是一种危害很大的虫类。被蚂蟥叮咬后，不要硬拔，可用手拍或用肥皂液、盐水、烟油、酒精滴在其前吸盘处，或用燃烧着的香烟烫让其自行脱落，然后压迫伤口止血，并用碘酒涂搽伤口以防感染。

野外生存不是一件简单的事儿

前面介绍了很多野外活动时需要注意的危险情况，使我们知道了野外生存的确不是一件容易的事儿。

尽管如此，一些喜欢刺激的成年人往往会尝试一下野外生存的游戏。我们时常也能从网络、电视等媒体上看到某某跨越塔克拉玛干沙漠、某某徒步穿越青藏高原，等等。

事实上，类似的野外活动是非常考验人的生存能力的。一些进行野外生存挑战的人们有去无回的事例并不鲜见，而这种活动对于缺乏自我保护能力的孩子来讲就更需要引起注意，比如，当孩子在野外活动中，当遇到难以越过的地形时，能否安全通过？当身处荒无人烟的沙漠里，孩子能找到方向吗？

类似的问题还有很多，而随便拿出一样就足以考验一个人野外生存的能力是强还是弱，因此，作为家长，如果发觉你的孩子在这些问题面前会手足无措的话，那么还是不要贸然进行野外生存的体验为好。如果非要尝试，也要具备了各种能力才行，正所谓"没有金刚钻，就别揽瓷器活"。

　　果果从小生长在北京，去年读小学三年级的他第一次出远门，目的地是姥姥家所在的城市银川。

　　为了让孩子玩个痛快，家人带着果果去了附近的好多有名的景点。一天，上初中的表哥来找果果玩，两个人就一起出去了。

　　玩着玩着，两个人就合计着一起去离市区几十公里外的苏峪口，还有沙湖。听表哥说得天花乱坠，果果心向往之，于是二人找了辆开往景点的客车就走了。

　　到了景点，果果像被从笼子里放飞出来的小鸟一样活蹦乱跳，高兴得不得了。

　　就在果果和表哥尽兴玩耍的时候，突然果果一不小心滑倒了，从土坡上滚了下去。好在土质松软，并且没有扎人的荆棘，果果只是被土呛了一下，没有受伤。但由于天色渐晚，又从来没经受过这么大的惊吓，果果害怕得哭起来。

　　幸好表哥大果果几岁，也镇定一些，他见表弟没受伤，心里也踏实了，只是不知道这时候还有没有公交车，为了保险起见，表哥准备拨打家人的电话，可是此时他发现手机没电了。惊慌之余，表哥也不知道如何是好。

　　最后，表哥想到走一段路，找个公用电话亭，给家人打电话。最后，终于和家人联系上了，此时家里人正翻江倒海找他们两个呢。

　　几十分钟后，果果见到来接自己的妈妈，委屈地趴在妈妈怀里又是一阵哭。妈妈趁机教育他，以后来这种地方玩，一定要由父母陪着，千万不要未经父母同意就出来玩耍，这样会非常危险的。

　　果果和表哥听了，愧疚地点了点头。

　　由于天性贪玩，孩子往往会在家长不注意的时候私自到荒郊野外去玩耍。而对于没有野外生存经历的孩子来讲，当面对突如其来的复杂局面常常不知如何是好，有的甚至还会让身体受到伤害。

但是并不是所有的孩子都这样，有些孩子由于受过野外生存方面的教育和训练，就具备了一定的野外生存能力，结果自然也就不一样了。那么，作为家长，怎样培养孩子这方面的能力呢？

1.教给孩子一些野外生存的常识

家长可在平时给孩子讲一些野外生存的知识，好让孩子在野外活动时知道怎样来应对。我们可以告诉孩子，在进行野外活动时，首先要保证自己的安全，如果遇到滑坡、泥石流等，千万不要冒险，而应另外找寻安全的道路前进，如果实在找不到，就干脆停下来等待救援。

另外，让孩子知道野外生存有两样东西至关重要，一样是火，另一样是水，因此，在准备阶段要带足打火机或防湿火柴，还要学会如何根据地形来寻找水源，并且注意一定要找洁净的水源。

2.遇到突发情况时的应对措施

进行野外活动时，如果突然遇到山崩、河水暴涨或者受伤等紧急情况，可以先采取露营来应对。需要注意的是，帐篷要搭建在避风的地方，并且不要让身体暴露在外，否则被雨淋湿，就会更不舒服，身心俱疲的话，就更没有精神战胜困境了。

如果在野外遇到暴风骤雨，一定要想办法找到能够阻挡风雨的大岩石或者低矮茂密的丛林躲避起来，同时注意保持体温，另外下雨的时候一定不要到大树下面或者高岗上避雨，因为容易遭到雷击。

一旦遭遇困境，要知道怎样利用信号来求救，比如白天的时候，可以点燃青草产生浓烟，晚上可以点火求救，或者大声呼喊，利用声音来求救，不过要注意保存体力。

第七章

自然灾害

怎样应对大自然的侵害来袭

　　自然界常常和人类玩一些"生死游戏"，它的某个举动或许就会让人类赖以生存的家园地动山摇、家毁人亡。而这些"游戏"里，我们人类的主动权是极其微小的，绝大多数时候都是在受着自然的掌控和裁决。当然，我们在无法避免自然灾害的同时却可以想办法将损失和伤害减少到最低程度。比如，我们教给孩子一些应对自然灾害的相关知识，让孩子在这场生死游戏里积极应对，而不是怀着"是福不是祸，是祸躲不过"的悲观心态。要知道，当我们采取正确的方法注意防范的话，很多时候是可以避免危险降临到自己头上的。

大水来临时，教孩子如何避险和自救

很多 70 后、80 后的家长朋友可能对于 1991 年和 1998 年我国出现的两次特大洪水仍然记忆犹新。洪水的威力也着实震撼着我们的心。试想，如果我们的孩子遭遇这样的洪水，他们会不会沉着应对呢? 不用问，每个家长都希望自己得到的答案是肯定的。

的确，洪水无情，一旦来临，往往会毁掉我们的家园，夺走我们的生命。那么，如何让我们的孩子在如猛兽般的洪水面前镇定自若，并积极采取措施避险和自救，则是家长们责无旁贷的职责。

可可是北京石景山区某小学三年级的学生。2011 年暑假期间，她跟随妈妈到海淀区的舅舅家做客。舅舅家里有个和可可同岁的表妹圆圆，两个小姑娘在一起玩得很开心。

妈妈本想带可可回石景山的家里，可是可可一定要住下，圆圆也非要她住下。妈妈拗不过，只好答应了。

第二天下午，两个小朋友一起出门玩，由于玩得尽兴而没有注意到阴云密布的天空，而舅舅和舅妈在家打麻将，也没顾上找两个孩子。

不一会儿，天空中忽然下起了大雨，可可和圆圆只好躲到一家商场的门口避雨。雨越下越大，半个多小时后，路面已经成了"大河"，很多车辆停在路上，车身都陷进了水中大半截。

可可和圆圆有些害怕了，眼看着天空越来越黑，她们只好等雨小一些后走回家去。雨终于渐渐小了下来，可可和圆圆不顾路面上的深水，互相搀扶着踏进了"河"里。

刚走了没几步，可可就吓哭了，她长这么大还从来没见过这么大的水，更没有在这么深的水中步行过。圆圆也慌得手足无措,和可可一起哭起来。

幸好执勤的警察发现了两个无人看管的孩子,把她们领到安全的地方,询问了她们的家庭住址,并把她们送回了家。

人们往往把洪水比喻为"猛兽",的确,洪水来临,往往是势不可当,并且迅雷不及掩耳。当遭遇这种情况,像上述事例中没见过更没经历过这么大雨水的可可和圆圆不被吓坏才怪。被吓到其实还在其次,更主要的是由于不知道如何在紧急情况下自救和求救而导致危险的发生。那么,为了孩子的安全,作为家长有必要让孩子学一些相关的知识,好让孩子在遇到洪水时避免危险的发生。

1.时常对孩子进行防洪教育

我国南方地区每到夏季容易发生洪水,而近些年,北方一些地区也时常被突如其来的大水"造访",所以不管是生活在南方还是北方,家长们都有必要教孩子一些防洪自救的知识。

其中,加强孩子的防洪训练是至关重要的一项。有些学校会定期不定期地组织一些遇到火灾、洪灾时的逃生演习,还有一些专门的教育机构也会有类似的训练项目,家长们可鼓励孩子多参加这样的活动,以提高孩子的自救自护能力。

2.了解天气情况,提前做好准备

夏季是雨水多发的季节,容易暴发洪水等自然灾害,这就需要家长及时了解天气情况,同时也要让稍大一些的孩子养成每天听天气预报的习惯,这样便可根据媒体提供的相关信息,然后结合自己所处的位置和条件冷静地选择最佳撤离路线。另外,我们还要告诉孩子需要掌握认路标的本领,因为只有明确撤离的路线,才能避免走错路,否则危险会更大。

3.洪水已至要冷静自救

对于孩子来说,他们对于突如其来的洪水可能会恐惧,也可能会觉得好玩,这两种情绪都是不利于逃生和避难的。家长们应教育孩子,在遭遇洪水时,一定要保持镇定的情绪,然后可利用现有条件实施自救和求救。

①要善于利用临时救生物品，例如，体积大的容器，油桶、储水桶等。迅速倒出原有液体后，重新将盖盖紧并密封。如果没有这些东西，也可以将空的饮料瓶、木桶、塑料桶等捆扎在一起应急。

此外，足球、篮球、排球的浮力也很好。如果以上这些东西都没有，也来不及找的话，可以借助树木、桌椅板凳等木制家具的浮力自救。

②洪水来得太快，来不及退避时，尽量利用一些不怕洪水冲走的材料，如沙袋、石堆等堵住房屋门槛的缝隙，减少水的漫入，或者立即爬上屋顶、楼房高屋、大树、高墙做暂时避险，等待援救，不要单身游水转移。

③如果已经落入水中或一不小心掉进水里，千万不能惊慌失措，要立刻屏息并捏住鼻子，避免呛水，然后试试能否从水中站起来。如果水太深，站不起来，又不能迅速游到岸上，就要立即脱掉鞋子，努力踩水助游并抓住身边漂浮的任何物体。将头露出水面，调整呼吸。浪高水急时不要做无谓的挣扎，尽可能节省体力，及时躲避旋涡及水中夹带的石块等可能伤及身体的重物，同时要迅速观察四周，看看是否有露出水面的固定物体，并向其靠拢。要设法发出求救信号，如晃动衣服或树枝、大声呼救等。

地动山摇时，孩子如何强避震

很多出生于20世纪六七十年代的父母对1976年的唐山大地震大概还有印象，而更年轻一些的父母也都在2008年感受到了汶川地震带来的震撼。平静的大地忽然剧烈地震颤，紧接着便是房倒屋塌，有序的世界忽然变得杂乱不堪，美丽的生命被无情地掠夺……

这一番惨痛的景象让每一个中国人都难以忘怀，更让每一个人在感受地震破坏力的同时强化了自身的避震知识。由于地震威力之大，而又无法预知,因此家长们在孩子能够有一定理解能力的时候就开始告诉他如何避震,以避免伤害。

2008 年 5 月 12 日,我国西南部地区的汶川县发生了 8.0 级特大地震。突如其来的灾害瞬间夺走了数以万计人们的生命,深深刺痛着每一个中华儿女的心灵。

此次地震,重庆也是灾害发生地之一。司宇小朋友是某县一所小学四年级的学生,地震发生那天的中午,司宇正因为生病而到医院治疗,等他离开医院的时候,已经是下午两点钟了。

就在他走在从医院去往学校的山路上时,忽然感到天翻地覆,只见山上的石头一个劲儿地往下滚,司宇知道这是地震发生了,他强迫自己镇定下来,然后马上蹲下,并拼命地抓住路边的一棵大树。等地震过去后,司宇才将已经麻木的双手从树上放下来,而就是这听上去如此简单的措施,让小小的司宇没有受到任何身体伤害。

其实,这多了了不久前,司宇的爸爸从外地带回来一本关于地震的书,司宇碰巧在周末的时候翻看了一下里面的内容。也正是司宇从书里面学到的避震知识在危急关头救了他。

看完上面的事例,我们不得不为司宇庆幸,庆幸他刚好看了关于地震的书,庆幸他掌握了灾难面前自救的知识,庆幸他毫发无伤。那么,反观我们以及我们的孩子,我们是否及时地给孩子灌输了这方面的知识?我们的孩子是否能在地震发生时像司宇一样安全度过?这应该是每一个家长所关注的,也是每一个家长所期待的吧。

1.让孩子学会正确地看待地震

由于孩子阅历有限,他们对于地震的认识存在某些偏颇和错误,比如有的孩子看到电视上地震发生所带来的天崩地裂的景象时,会觉得很有趣。如果你的孩子也有这样的想法,那么请你借此机会耐心地告诉孩子一些关于地震的知识,让孩子知道地震意味着什么。

为了做到这一点,家长们还可以带孩子参观地震方面的相关展览,这样能让孩子更直观、更深刻地了解地震。

2.在地震发生前应该做好的自救准备

地震或者余震来临之前,往往会有一些异常现象出现,有时候气象部门也会预测出来可能发生地震的区域,那么在这种情况下,每个人都应该做好应付地震的准备工作。为了保护好孩子和我们自身的安全,我们应该着重从以下几点做起:

①教孩子掌握基本的地震防御方法。平时,家长可以引导孩子想象自己一个人被关在屋子里的时候发生地震时该如何逃脱。要达到这一点,我们可以和孩子一起准备好梯子、绳子或者锁链等,另外身边要放手机以备用。

②当得知地震预报后,要准备好手电筒、水、食物、毛巾、简便衣物、塑料布和简易帐篷、收音机、呼叫机等,同时关闭煤气、电闸等。

③不要在室内放置易燃易爆、剧毒物品,对这些物品在地震来临前更要妥善安置。

要想逃脱地震魔爪,避震方法少不了

不管是 1976 年的唐山大地震,还是 2008 年的汶川大地震,在许许多多的生命被地震的魔爪掳掠的同时,仍有一些人利用自己所掌握的避震方法而逃过此劫,获得新生。

对于如何逃脱地震的魔爪,很多家长也格外关心,大家都希望万一自己的孩子遭遇地震能够成为幸运者之一。那么,作为家长,你懂得如何引导和教育孩子,让他避免遭受地震的伤害吗?

小美是什邡市一所小学五年级的学生。地震发生的当时,她正和同学们在操场上上体育课。体育老师讲完当天的一些内容后,让孩子们自由活动。

然而,就在小美和几个同学走到单杠旁边的时候,突然地动山摇,地震发生了。没见过地震的孩子们一下子都被吓傻了，哭的哭，叫的叫，有的同学被吓得呆呆地在晃动的地面上，被不断摇晃的大地颠簸得左摇右晃。

而小美则在紧急关头立即趴在地上，并使劲儿抓住身边的单杠。地震过去后，很多同学都受了伤，摔得鼻青脸肿的有的是，而小美则因为懂得避震小知识而让自己安然无恙。

每一个父母都希望自己的孩子能够在地震发生时成为像事例中小美这样安然无恙的那一个。其实，要做到这一点并不是太难，只要家长教会孩子一些相关的避震知识，那么我们的孩子很可能就会成为幸运的那一个。

1.和孩子一起做好防震准备

有的地区处于地震带，发生地震的概率要高很多。对于这样一些地区，家长应该和孩子一起做好家庭防御准备，具体如下：

①储备一些必要的物品，并放置妥当，以便发生情况时及时携带。这些物品包括：饮用水、饼干等食品；常用的药物；手电筒、被褥、半导体收音机等。

②由于地震造成的晃动，容易使重物倾倒而砸伤人体，因此家长们应将墙壁上、屋顶上装饰用的重物取下来，衣柜上面也不要放置较重的东西，床要避开外墙和房梁放置，同时妥善处理煤气罐、酒精等易燃易爆及有毒物品。

2.因地制宜采取避震措施

发生地震的时候，有的人在室外，有的人在室内，有的人住在平房，有的人住在楼房，有的人在教室，有的人在商场……可以说，每个人所处的环境千差万别，而每一种环境又有其特定的避震方式，这是因为选择哪一种避震方式要看客观条件，比如，是跑到室外还是就地避险。

①家住平房要这样做

如果住在平房，那么要尽量跑到室外的开阔地带来避震。如果没办法跑出去，就躲在低矮并且坚固的家具旁边。

②住在楼房里要这样做

在楼房里避震，最好的地方要数卫生间了，因为这里结合力强，管道也因为经过处理而有较好的支撑力，抗震系数较大。

③在学校中要这样做

地震的发生往往猝不及防,如果正在学校上课时发生地震,就要在老师的指挥下迅速逃离教室。如果来不及,那么就立即抱住头部、闭上眼睛,然后蹲在自己的课桌旁,等待地震过去。需要注意的是,一定不要稀里糊涂地乱跑或者跳楼,因为往外跑容易被砸伤甚至砸死,跳楼也容易摔伤或者摔死。

④在街上行走时要这样做

地震来临,街上高层建筑物的玻璃碎片和楼体外侧的混凝土块以及广告招牌等都可能掉落,砸伤过往行人,因此,家长们应告诉孩子,如果在街上行走时发生地震,最好用身边的皮包或者柔软的物品顶在头上,如果没有物品就用手护住头部,同时注意远离电线杆和围墙,跑到较为开阔的地方躲避地震。

教给孩子被埋时如何求生

地震这一自然灾害让人猝不及防,由于目前还无法及时准确地预报地震的发生,所以我们只能多让孩子掌握一些防震、抗震以及遇到紧急情况时的措施,以此来减少灾难发生的悲剧,最大限度地保护我们生命的安全。

我们知道,地震来临,高楼大厦能够瞬间成为一片废墟,很多的生命就会在顷刻间被埋入瓦砾之中。除了被重击而砸死的情况,很多被埋入废墟之中的人如果懂得利用自救知识,生还的希望还是很大的。在本节内容中,我们就来探讨一下如何教我们的孩子来应对地震被埋时的紧急情况。

汶川地震发生的时候,某学校正在教学楼3楼上课的老师和同学们突然感觉到地动山摇,他们很快意识到这是地震发生了。

其中一名同学凭借平时掌握的一些地震知识跟跟跄跄地走到墙角,并钻到课桌下将身体藏起来。随后,随着"轰"的一声,这位同学脚下一空就落了下去。就这样，他被埋入了瓦砾中，此时更不幸的是，一条横梁砸了下来，不过幸好被桌子挡住了。

但是，周围的空间是密闭的，空气越来越少，这位同学感到胸闷，呼吸也变得困难，但是，他并没有惊慌，更没有放弃，而是试着用手摸索，终于在有限的空间里找到了一处比较软的地方。手一点点地挖开，探过去，终于，一点点光亮和空气钻了进来。最终，这个孩子被救援人员发现了，把他救了出来。

我们相信，大多数尚未成年的孩子在遇到地震这种突如其来的大灾害时往往会手足无措，不知该如何是好，而像事例中这位同学这样的着实让家长感到欣慰。每一位家长无不期待自己的孩子也会在遭遇灾难时沉着冷静，积极寻求自救和求救的方法和措施。

其实，这些知识也是需要家长在平时陪伴孩子的过程中一点点灌输和积累的，因此，只要我们能够及时地、准确地告诉孩子一些科学的自救和求救知识，那么我们的孩子在遭遇地震被埋时也必定能够临危不乱，争取到生存的希望。

1.保持良好的心态

惊慌是灾害面前的最大敌人。别说是孩子，即使成年人一旦遇事惊慌失措，那么成功的概率也会大打折扣，因此，家长应教育孩子在遭遇不测时一定要保持镇定，想办法保存体力，并坚定活下去的勇气。被埋在废墟中时，要保持冷静，良好的心态非常重要，还要注意保存体力。

2.教给孩子被困时的自救措施

当被埋入瓦砾中后，要尽量去试探，努力向有光线和空气流通的地方移动。这样，首先可以保证呼吸到空气，而不至于窒息。另外，通过这种操作，也可以更快、更容易地被救援人员发现，以对自己采取施救行动。需要注意的是，在爬行的过程中，身体不要紧张，而应处于放松状态，并想法用身体侧面支撑和卧式支撑这两种方式。

让孩子学会地震时如何科学地帮助他人

人与人的观念千差万别，有的人在灾难发生时，想到的是自己如何逃生，有的人想到的却是怎样帮助他人逃生。或许你会说，恐怕没有哪个家长会教育自己的孩子，地震来了先救助他人，而不顾自己的安危吧？

没错，家长们肯定最希望自己的孩子安全逃出，但我们不要忽略了，很多时候帮助他人也是帮助自己。当然，对他人提供帮助是需要建立在科学的基础之上的，如果操作不当，可能会"赔了夫人又折兵"，所以，这就需要家长们多给孩子灌输一些地震中如何科学救助他人的知识，好让我们的孩子保护好自己和他人。

汶川地震后，电视、网络、报纸等媒体纷纷报道了一个名叫林浩的10岁男孩。原来，就读于汶川县映秀镇小学二年级的林浩在地震发生后，不但保护了自身的安全，而且还用科学的方法帮助了其他同学。林浩的事迹一时间传遍了神州大地。

当日地震时，林浩和同学们正在教室里上课，来不及反应，地震便将房屋震塌，孩子们被埋在废墟中。

一些孩子被突然而来的可怖景象给吓哭了，可林浩却没有慌张，他阻止废墟中的同学们用唱歌来鼓舞士气。就这样，经过两个小时的艰难等待，林浩终于爬出了废墟。可是这个时候，林浩发现废墟里大多数同学还没有出来，已经受伤的他没有考虑自己的安危，而是等余震过后巧妙地找到一个入口，钻到废墟里展开对同学们的救援。

林浩用小小的手臂翻腾着一块块砖瓦和石板，尽管很累，但他不敢懈怠，他觉得快一分钟可能就多挽救一个生命。就这样，经过一番跟他年龄极不相称的救援行动后，两名同学被林浩救了出来。

想必很多家长对于个头不高、机灵开朗的林浩仍然记忆犹新,在我们的心里也不得不感慨,这样一个 10 岁的孩子居然能够如此勇敢和机智,实在令人钦佩和羡慕。更多的家长也希望自己的孩子能够像林浩这样,在遭遇灾害时能够反应机敏,救人救己。

其实,不管对于成年人还是孩子,地震发生时,首先要保护自己的安全是无可厚非的,但这并不是说就不让我们的孩子救助他人了,其实,只要掌握科学的救人技巧,不但能很好地保护自己,也能对他人施以援手。

1.让孩子一定要在保护自身安全的基础上才救助他人

当地震发生时,保护好自己就等于帮助了他人,因为自己积极自救的话,才能够节省救援的人来对其他人施救,同时自己也能够加入到救人的队伍当中,为他人伸出援手。另外,家长还要告诉孩子,不要盲目救助他人,首先应该保证自己的安全,否则因为他人而让自己受到伤害则是得不偿失的。

2.告诉孩子一些救人的原则和技巧

如果孩子救人,可能会救助和自己最亲近的人,其实这样做虽然从情感上容易被理解,但从科学的角度而言却并不可取。家长应告诉孩子,救人时先救近处的,不要舍近求远,不管是亲人、同学还是陌生人,都应遵循这个原则。另外,救人的时候要先救容易救的人。之所以坚持这两个原则,是为了迅速扩大互救队伍,这样不但能救助更多的人,而且也能让更多的人帮助自己。

电闪雷鸣的时候,孩子该怎样避雷

伴随着闪电,"轰隆隆"的雷声滑破天际,在空中咆哮开来,响彻在地球上人们的耳畔。有的孩子看到电闪雷鸣会兴奋不已,小小的脑瓜里在为大自然的神奇而震撼,也有的孩子会因此而害怕,他们觉得闪电和响雷就像是动画片里的"大怪物",要来吃掉自己。

不管是哪一种,孩子们对于雷电的认识只是出于主观认识,非常感性,如果不是家长或者老师讲解,他们就无法意识到在这一神奇的自然现象背后还隐藏着巨大的危险。

也许有的家长会说,有雷电的时候不让孩子外出不就可以了嘛。不让孩子外出的确是一个不错的想法,但是这并不能保证孩子就一定能躲过雷电的袭击。这是因为,如果孩子在家中还接打手机的话,同样会受到雷电的威胁。

我们千万不要小看了雷击,每年因为雷击而丧命、致残的孩子不在少数,因此,家长们应教导孩子学会避雷的科学方法,以保护孩子的健康和安全。

2011年暑假的一天,上小学一年级的彭彭和邻居家的小伙伴艾艾一起在小区广场上玩。忽然间,天昏地暗,雷声隆隆,眼看就要下起雨来。

彭彭叫着艾艾赶紧回家,艾艾却不听,他说自己还没玩够,等下雨了再回家也不迟。彭彭知道艾艾是因为当天爸爸妈妈都没在家,便可以痛痛快快地玩一玩,而且艾艾家的保姆正在厨房忙碌,也顾不上下楼来找艾艾。

见此状况,彭彭一想,反正爸爸妈妈也都上班呢,奶奶的腿脚不利落,也不会下楼找自己,干脆和艾艾一起多玩一会儿得了。

就这样,两个孩子就继续在小区游乐场秋千架旁边荡秋千。

可没过两分钟,只见大雨倾盆而下,顿时闪电、轰隆隆的雷声也都接踵而至。此时,艾艾赶紧拉着彭彭往游乐场旁边的一棵大柳树下跑去。彭彭见状,却拽着艾艾到游乐场边上的小卖部走去,艾艾还不高兴地问为什么不去大树下,彭彭告诉他说,如果在大树下避雨容易遭到雷电袭击。

果然,就在他们躲在小卖部里不到5分钟的时候,只见刚才那棵大柳树"咔嚓"一声拦腰截断,上面的大树冠和上半部分树干都砸在地上。

此时,艾艾用崇拜的眼神看着彭彭,彭彭则呵呵一笑,学着大人的口气说:"多学点儿知识还是用得着的!"

如果询问家长朋友,你希望自己的孩子是彭彭还是艾艾,可以肯定,有100%的家长都会答出同样的答案。没错,我们都希望自己的孩子能够像彭彭这样懂得自然常识,在关键的时候不会因为错误的认识而让自己受伤害。

其实,彭彭的知识也是平时积累的,而这应该在很大程度上取决于父母的教育和引导,因此,作为家长,如果你觉得自己的孩子没有彭彭懂得这么多,那么也不要气馁,只要多给孩子一些引导,多用一些经历教育你的孩子,那么他同样可以成为你理想中的"小大人"。

1.告诉孩子在大街上如何避雷

俗话说:"夏日的天,孩子的脸,说变就变。"有些时候,雷电到来是突然而至的,这时候孩子有可能正在室外,因此,家长们应告诉自己的孩子,如果正在街上走着的时候遇到雷电,要想办法赶紧到临街的店铺、银行、超市等地方去躲避,等雷雨过去之后再走出来回家或者去学校。城市里的孩子还有一个选择避雷的去处,就是高层建筑,因为每一座高层建筑都装有避雷针,所以,如果方便的话,也可以让孩子到高层建筑下的一楼台阶处去躲避雷雨。

2.告诉孩子在旷野如何避雷

在商贾繁荣的地段找个避雷雨的地方还是相对比较容易的,而在荒郊野外可就没那么容易了。那么,这时候该怎么办呢?我们可以告诉孩子,如果在野外一时找不到避雷的地方,就先蹲下来以降低身体的重心,然后双脚并拢,双手放到膝盖上,身体前驱。需要提醒的是,一定要告诉孩子不要躺在地上,也不要躺到土沟或者土坑里,这样不但不安全,反而会更危险。还需要告诉孩子的是,在野外避雷要远离铁轨、金属栏杆和其他庞大的金属物,否则会容易被雷电击中。

3.告诉孩子在室内如何避雷

和室外避雷相比,室内避雷容易许多,但同样不可麻痹大意,因为孩子在室内往往意识不到避雷的重要性,比如打手机、电话等,其实这样也有被雷击的危险,所以,家长要以身作则,并要提醒孩子,在雷电交加的时候不要打电话。

教孩子学会应对天上掉下的"冰球球"

至今，一位从事幼儿教育工作的女士仍然记得，在她小学毕业那年小学升初中的考试中，突然天上下起了冰雹，那是她十多年来第一次见到这么"宏大"的场面——考场里的窗户玻璃都被砸碎了，一个个冰雹向子弹一样朝考生们的头上、身上砸来。同学们在老师的指挥下赶紧拿起板凳当盾牌，并藏身到课桌下。即使这样，还是有好几名同学都被冰雹砸伤。

试想，如果不是在教室里而是在室外，突然遭遇这么大的冰雹，我们的孩子有没有能力为自己找个藏身之处？如果被冰雹砸伤，简直不堪设想。

虽然我们无法阻止天上掉下个"冰球球"，但是我们却可以告诉孩子如何来躲避冰雹的伤害，以保护自身的安全。为此，家长们就需要下点儿工夫了。

李宇彤是上海黄浦区一所小学二年级的学生。5月的一天，在放学回家的路上突然刮起了一阵大风，然后降起了冰雹。突然而来的冰雹让放学回家的孩子惊慌失措，纷纷逃跑。路边的商店见冰雹很大，也都赶紧将门窗关了起来。面对这突如其来的冰雹，李宇彤没有像其他同学那样急于猛跑，而是顺手拿起一家商店门外的一个大纸箱，扣在了头上。

但就是这样，噼里啪啦的冰雹还是将他的脑袋震得发疼。冰雹越来越大，李宇彤心想这也不是长久之计，他环顾四周，发现离他十几米的地方有一辆面包车也在躲避冰雹，于是，他顶着纸箱迅速跑到那辆汽车旁，向车里人说明意思后，钻进了汽车。

冰雹俗称雹子，有的地区也管它叫"冷子"，是一种固态降水物，夏季或春夏之交最为常见。它是一些小如绿豆、黄豆，大似栗子、鸡蛋的冰粒。冰雹灾害是由强对流天气系统引起的一种强烈的气象灾害，它出现的范围虽然较小，时间也比较短，但来势凶猛、强度大，并常常伴随着狂风、强降水、急剧降温等阵发性灾害天气过程。

猛烈的冰雹会打毁庄稼、损坏房屋,人被砸伤、牲畜被砸死的情况也常常发生;特大的冰雹甚至比柚子还大,会致人死亡、毁坏大片农田和树木、摧毁建筑物和车辆等,具有强大的杀伤力。

孩子作为弱势群体,更需要了解冰雹的特点、危害以及如何避防。

1.家长在平时要告诉孩子预防冰雹的知识

平日和孩子一起相处的过程中,家长可适时地告诉孩子一些关于冰雹的知识,比如冰雹的形成、冰雹来临前有哪些预兆,等等。通常来讲,冰雹来临前常刮东风或南风,而且闪电多为"横闪",雷声沉闷且连续不断,等等。另外,一般来说,春夏季节是冰雹的多发时期,家长应帮孩子做好预防措施,尤其是上学放学途中和外出游玩的时候。

2.如何避免冰雹的侵袭

家长要告诉孩子,当冰雹降临的时候不要外出,等冰雹过去再出门。如果一定要出门,就要戴安全帽或用坚固的物品护住头部,以免头部被冰雹砸伤。

如果在室外突然遭遇冰雹,那么应立即护住头部,并赶紧到附近可以避雨的地方,等待冰雹过后再行动。

龙卷风来袭,怎样让孩子躲避

巨大的旋涡,天昏地暗、房屋倒塌、树木摧毁,地面上的物体被卷入空中……在好莱坞灾难大片里,我们会见到这样的场景,而这就是龙卷风的威力。

龙卷风是一种威力强大的旋风,常常在夏天的雷雨天气时发生,下午和傍晚最多见。它的平均直径在几十米到几百米之间,袭击范围不大,"生命"也很短,但破坏力却非常强大。在美国,龙卷风每年造成的死亡人数仅次于雷电。

有人比喻龙卷风就像脾气粗暴的怪兽,凡是它所到之处都是吼声如雷,貌似机群在低空中掠过。总而言之,龙卷风对人类家园的破坏是毁灭性的,它对人类的生命安全也构成了极大的威胁。我国虽然不是龙卷风的易发地区,但华东和华南也会时而有龙卷风光顾。为此,家长们有必要教育我们的孩子懂得怎样躲避龙卷风,而不至于遭其魔爪。

2010年5月15日,位于我国东北地区的黑龙江省绥化市遭遇了特大龙卷风袭击,此次龙卷风导致5人死亡、52人受伤、400间房屋倒塌,直接受灾人数达到3000人。人们的家园被毁,房倒屋塌,树木和庄稼也都被龙卷风袭击得七零八落,老百姓只得靠政府救济渡过难关。

无独有偶,2006年3月,美国密苏里州发生了一场猛烈的龙卷风。据媒体报道,当时有一名十几岁的男孩不幸被强风卷到空中,并随风飞到近400米之外才落地。

原来,就在龙卷风到来的时候,这个孩子正坐在由拖车搭起的简陋房屋中看书,天气骤然间大变,龙卷风席卷而来。

据这个男孩回忆,当时只听到龙卷风的声音越来越响,眨眼之间,他就感到房间内的压力越来越大,让他几乎没法呼吸。这时候,他又听到几声巨大的声响,原来他所居住的这所简陋房子的前门和后门的插销都被巨大的压力撕裂,紧接着整扇门都飞了出去,随之而来的是整个拖车也被龙卷风给摧毁,而这个孩子被倒塌的墙壁裹挟着飞到半空中。惊慌之下,孩子以为自己就要和这个世界告别了,没想到他在空中"转悠"了几分钟后,居然落在一片柔软的草地上,浑身无恙。

我们只能说,美国的这个男孩很幸运,而和他相比,更多的还是诸如绥化等地的龙卷风所造成的伤亡者们。

有关统计数据表明,地球上几乎每个陆地国家都出现过龙卷风,其中以美国出现次数最多。凡是龙卷风所到之处,无不出现家毁人亡的惨剧。那么,为了孩子们的安全,作为家长,是不是应该教给孩子一些在龙卷风中自救和求救的知识呢?俗话说:"有备无患。"如果我们能告诉孩子一些这方面的知识,那么说不定当龙卷风真的来袭时,我们的孩子会将伤害降到最低呢。

1.做好预防准备

由于我国大多数地区没有发生龙卷风的先例或可能,那么做好预防这一点主要针对龙卷风比较容易发生的地区。我们的建议是,如果有条件,家长最好用坚固的建筑材料,比如钢筋混凝土等建造一个庇护所。另外,当龙卷风到来的时候,家长应及时将可能被风吹落的物体捆绑结实。同时,还要准备一定量的水、食物、蜡烛、手电筒等,并检查煤气及电路,留心火源。

2.龙卷风来时的躲避措施

①野外躲避

家长可以告诉孩子,如果在野外听到由远而近、沉闷逼人的巨大呼啸声,很可能就是龙卷风来了,这个时候要立即躲避。也有人将龙卷风即将到来的声音形容为"像千万条蛇发出的咝咝声",或"像几十架喷气式飞机、坦克在刺耳地吼叫",或"类似火车头或汽船的叫声"等。

家长可以将这些声音描述给孩子听,并告诉孩子假如在野外遇上龙卷风,一定要快跑,但不要乱跑。由于龙卷风往往不会突然间转换方向,所以要以最快的速度朝着龙卷风前进路线的垂直方向逃离,然后赶紧找一个低洼的地方趴下来。趴下的时候,要脸部朝上,用手抱住头部,并闭紧嘴巴和眼睛。

②室内躲避

当龙卷风向自己所住的房屋袭击而来的时候,我们应告诉孩子打开一些门和窗户,然后避开门窗和外墙,躲到诸如卫生间等小开间里,或者在由钢筋混凝土搭建的庇护所抱头蹲下。

③乘车躲避

有时龙卷风到来的时候,我们正坐在车上,这时候,应该立即将车停下,并下车躲避龙卷风。要知道,汽车对于龙卷风而言可是小菜一碟,摧毁它简直不费什么力气。

当海啸来临，孩子该怎么办

自然界总是在向我们人类发出挑战，海啸也是其中破坏力超强的一项。在百度百科里关于海啸是这样定义的：海啸是由风暴或海底地震造成的，水下地震、火山爆发或水下塌陷和滑坡等大地活动都可能引起海啸。当地震发生于海底，因震波的动力而引起海水剧烈地起伏，形成强大的波浪，向前推进，将沿海地带淹没，这就是海啸。

据相关资料显示，海啸时掀起的狂涛骇浪，其高度可达 10 多米至几十米不等，形成"水墙"。又由于海啸的波长很长，可以传播到几千公里而且能量损失很小。正是由于这些原因，海啸一旦发生，就会对陆地上的人类生命和财产造成严重威胁。

很多家长或许还记得 2004 年的印尼海啸，其巨大无比的威力导致了数十万人遇难。可以说，海啸是可怕的，但是越是可怕，我们越应该对它有一定的了解，并让我们的孩子掌握一些应对海啸的方法，有备无患。

通过媒体的报道，我们知道了一个名叫蒂莉·史密斯的女孩。在 2004 年 12 月 26 日发生的印度洋海啸中，当时年仅 10 岁的蒂莉·史密斯充分利用她在地理课上学到的知识，迅速认出海啸即将到来的迹象，不但救了她自己和父母，而且挽救了普吉岛麦考海滩和附近一家饭店 100 多人的生命。

据某报纸报道，当时 10 岁的史密斯与家人正在普吉岛度假，不料却碰上印度洋海啸。当天早晨，史密斯与家人到海滩上散步，看到"海水开始冒泡，泡沫发出咝咝声，就像煎锅一样"。凭借此前所学的地理知识，史密斯迅速判断出这是海啸即将到来的迹象。在她的警告下，约 100 名游客在海啸到达海滩前几分钟撤退，幸免于难。

事例中的小女孩蒂莉·史密斯是令家长们敬佩和羡慕的,这么一个小孩子居然可以根据征兆做出迅速的判定,并且挽救了那么多人的生命,实在是了不起。其实,蒂莉·史密斯之所以能够做到这一点,还是源于她对海啸知识的了解。

说到底,如果我们也能让自己的孩子多了解一些相关的知识,那么万一遭遇海啸的时候,我们的孩子或许就会成为第二个蒂莉·史密斯。

1.告诉孩子海啸发生前如何避险

每到寒暑假,很多父母喜欢带着孩子到海边去玩,在此我们要提醒一下这些家长,在去往海边的时候最好先了解一下当地的天气情况,尤其注意一下附近有没有地震预报,因为地震波和海啸到来之前会有一个时间差,这会有利于人们预防。也就是说,如果听到附近有地震预报,还是不要去海边,如果自己本身就是居住在海边的人,那么就要做好相应的预防准备。

另外,我们要让孩子知道,在海啸来临之前,通常海水会出现异常的退潮现象,这个时候海里的鱼虾等很多海生动物就会留在浅滩,此时千万不要为了看热闹而逗留,而应该赶紧离开海岸,往内陆高一些的地方转移。

海啸到来之前,动物们也会有一些反常表现,表现为突然的焦躁,这是因为动物比人类敏感,它们可能接收到了地震和海啸到来的讯息。

2.让孩子知道海啸中如何逃生自救

如果我们无法预知海啸的到来,那么一旦遭遇海啸,也一定要懂得如何自救,这就需要家长们具体而详细地告诉孩子如何在海啸中逃生。

①如果感觉到比较强烈的震动,就应该立即离开海边以及江河的入海口,因为海啸的主要征兆就是地震。

②当海啸来临的时候,海水会很快填满低洼的地方,所以要往高处跑,最好能跑到高地或者山上。

③如果在室内,就要跑到洗手间躲避,如果在室外,距离其他建筑物比较近,那么就要迅速找到抗击力强的坚固建筑物,以躲避伤害。

④如果不幸落水,要尽量抓住木板等漂浮物,并避免与其他硬物撞击。

在水中不要举手,也不能乱挣扎,尽量减少动作,能漂浮在水面上即可,这样既能保持呼吸又能节省体力。

⑤如果渴了,千万不要喝海水,因为海水不仅不能解渴,反而会让人出现幻觉、导致精神失常甚至死亡。

⑥当发现周围有其他落水者的时候,要向他们靠拢,这样可便于相互鼓励和帮助,而且也容易被救援人员发现。

遭遇暴风雪时该怎样避险与自救

"让暴风雪来得再猛烈些吧!"革命者大义凛然的口号时常被生活中的"少年英雄"们用来激发自己的斗志,可是他们或许不知道,大自然界中的暴风雪还是有很强的威力的,如果预防措施不当,就很有可能被其伤害。

简单来说,暴风雪往往是冬季里在强冷空气爆发时形成强降温和大风伴随大雪或大风卷起地面积雪的天气。在气象学上,人们又把暴风雪称为"吹雪"或"雪暴"。一旦遭遇暴风雪,除了生活上会给人们带来诸多不便之外,还会给我们的生命带来危险。

近些年,我国西北、东北及南方一些地区都出现过暴风雪,这种时候,孩子、女性往往是最容易受伤的。过往的经验告诉我们,面对恶劣的风雪天气,一定要让我们及我们的孩子懂得如何避险和自救。

2011年10月底,美国东部地区遭受了罕见的暴风雪袭击,树木及电线杆被积雪压垮,230万户家庭停电,至少3人死亡。

据报道,宾夕法尼亚州东南部1名84岁老翁在家中躺椅上打盹时,树木因不堪积雪负荷而倒塌,压垮了他的房子,他因此不幸丧生。康涅狄格州州长马洛伊说,该州有1人因路滑发生交通事故罹难。此外,马萨诸塞州的强风和又湿又重的雪导致电线掉落地面,1 名 20 岁男子触电身亡。

而 2007 年冬天,我国东北地区也遭受了强烈的暴风雪袭击。据某报纸报道,由于暴雪积压,沈阳市皇姑区明廉农贸大厅 3 个拱形顶棚全部坍塌,造成 1 死 7 伤,目前还有不明数量的伤者被埋在废墟下面。

在我们的眼里和心里,自然界是美的,想象那飘舞的雪花和那下过厚厚一层雪的银色世界,让我们宛如进入童话里一般,可是,自然界也不总是"情绪稳定",它也像我们人类一样,偶尔爆发一些"坏脾气",上面所述的两个事例就为我们展现了暴风雪所到而带来的危害。

我们的情绪可以克制,但是自然界的"情绪"却不那么容易控制,为此,要想避免暴风雪的伤害,家长们还是早点儿教会我们的孩子如何在暴风雪到来时避险和自救吧。

1.保持镇定莫慌张

有些在暴风雪中遇难或者受伤的人,主要原因是因为他们太恐慌而走错了方向,最后造成体力不支,从而不得不放弃生命,因此,当遭遇暴风雪的时候,首先要让我们的孩子保存体力,不要慌不择路。同时,还要调整自己的心态,让自我激励的积极心态压下恐惧、疲劳等负面情绪,只有这样才有希望走出风雪困境。

2.要让孩子及时补充能量

人在暴风雪天气里肯定是寒冷无比的,而我们人体在寒冷环境中要维持体温,就必然增加代谢,从而造成体力消耗增多。这时候,要想满足身体的需要,就只能通过增加营养物质的摄取来保证,所以,我们应让孩子进食比平时多一些的蛋白质、脂肪类的食物。

3.叮嘱孩子要防止冻伤

①保暖衣物别太紧

当发生暴风雪的时候,家长们往往怕孩子冻着而给孩子穿更多保暖的衣物,很多家长还会认为,穿得紧一点儿会更加保暖,其实并非如此,如果保暖衣物穿得过紧,反而会造成局部血流不畅,热量无法顺利向身体各处流动,也就不利于保暖。

②可采取的预防措施

不要在太冷或者潮湿的环境中逗留时间过久；尽量多活动一下手部或者足部,如搓手、跺脚等;保持局部干燥,小孩脚部出汗后就要换袜子。

③冻伤后别马上热敷

对于小孩子来讲,寒冷的暴风雪很容易导致他们发生冻伤。虽然这算不上很严重的问题,但是也会对孩子的身体造成不利影响,所以,家长们有必要帮助孩子学会避免冻伤的发生及冻伤后的处理。当发生冻伤后,不要马上热敷或者按摩冻伤部位,否则可能会加重局部水肿,在受冻后一至两小时才可进行热敷。如果局部皮肤没有破损,可以涂抹冻伤膏。如果皮肤出现破损情况,则需要尽快用青霉素软膏涂抹,以防止感染。

遇到雪崩,怎样让孩子安全逃生

"雪崩,俗称白色雪龙,是在常年积雪的山中常有的自然灾害,每年都有很多人死于雪崩。产生的原因通常是覆雪处于一种'危险'的平衡状态下,如果稍微有外力作用,就会失去平衡,造成雪块滑动,进而引起更多的覆雪运动,使大量的积雪瞬间倾盆而下;附近的人及村庄往往不能幸免。"维基百科里,对于雪崩做出了这样的解释。

毋庸置疑,雪崩是和我们前面所述的一些自然灾害一样有着极大破坏力的家伙。如果打开网络浏览一下新闻,我们会发现在我们生活的美丽星球上,每年都会有因为雪崩而导致人员伤亡的报道。

那么,为了我们的孩子能够安全健康地成长,家长们需要进行一些相关雪崩的指导和教育,帮助我们的孩子在紧急时刻机智应对,以保护自身安全。

艳艳和小云是我国西部地区某小学的两个三年级女生。寒假里的一天，两个孩子相约一起到家附近的一个山坡上玩耍。

由于近期刚刚下过一场大雪，周围白雪皑皑，很是美丽，两个孩子玩得不亦乐乎，一会儿跑到东，一会儿跑到西，还时不时借着美丽的景色而发一发诗性。

可让她们俩没想到的是，这次惬意的玩耍却差点儿酿成人生的悲剧。

原来，就在她们爬上半山腰的时候，看准了一个斜坡，打算从那儿溜下来，艳艳还说："这可是自然界的大滑梯，大城市里的孩子是见不到的!"小云也颇为得意地笑了笑，然后喊了"123"之后，两个人一起从斜坡上滑了下来。

然而，就在她们向下滑的过程中，艳艳一不小心，一只脚踩到了悬空着的积雪上面，再加上身体重心不稳，眼看就要滚下去了，幸亏小云眼疾手快，一下子将艳艳的胳膊抓住。可是，由于她们的动作过猛，致使坡上的雪立马坍塌下来，眨眼间便将她们俩给淹没了。

好在两个孩子没有被困难吓倒，她们努力地往外爬行，最终经过两个多小时的艰苦努力，终于爬了出来。但此时由于长时间被积雪覆盖，两个孩子已经面色发紫，随后被送往医院接受治疗。

这个事例实在让人看得心惊胆战，我们只能庆幸两个孩子虽然不够谨慎，但尚算勇敢，关键还是积雪并不是太厚。试想，如果积雪特别厚，凭借孩子的体力将很难长时间支撑下来，那就只能葬身雪海里了。又或者雪崩的范围比较大的话，身处其中的孩子也会出现比较严重的后果。

那么，为了我们的孩子能够免遭雪崩的危险以及懂得如何在发生雪崩时自救，家长们应该向孩子传授一些相关的知识，好让孩子在关键时刻保住自己的性命。

1.教给孩子一些关于雪崩的知识

孩子对于自然知识的了解除了教科书上所描述的，就是从家长或者老师那里听来的了。我们应该让孩子知道哪些地方容易发生雪崩：积雪量多的地方；新雪堆积的下层已结冰，或堆积在草坡上时；积雪斜坡在 250~500 度之间;底部的旧雪层特别深厚时;春天融雪时,在树木少、坡度急的斜坡也容易出现雪崩。当孩子知道这些知识后,可以及时留意具体的自然现象,以让自己及时躲避雪崩的危害。

2.让孩子这样预防雪崩

①由于雪崩的出现及严重程度取决于雪的体积、温度、山坡走向,其中尤以坡度为重点。我们要告诉孩子,雪崩往往产生于倾斜度为 250~500 度的山坡,因此,尽量不要在这类山坡上活动。

②一旦无法避免遭遇雪崩,也要想办法逃离,正确的做法是,采取横穿路线,而不要顺着雪崩槽攀登,并且在横穿的时候,要以最快的速度走过。

③刚下过大雪的山坡容易发生雪崩,因此我们要叮嘱孩子,不要在刚下过雪后就到山上玩耍。

④当发现冰雪滑落已经迫在眉睫,应立即闭口屏息,以免冰雪涌入咽喉和肺部引发窒息,同时还要赶紧抓紧山坡旁任何稳固的东西。

酷暑季节,要让孩子知道如何防暑

当和暖的春天渐渐远去,广阔的大地上迎来的便是炎热的夏季。对于孩子们来说,虽然夏季天气炎热,但是可以游泳,可以吃冰棍,可以穿漂亮的花裙子,实在是趣味多多。只是,天真烂漫的孩子可能意识不到,夏季在给他们带来这么多乐趣的同时,也会因为炎热而为他们的身体带来一定的伤害,中暑就是最为关键的一点。

2011 年,上海市疾病预防控制中心发布,全市医疗机构首次网络直报显示,本市网络直报中暑病例 47 例,已发生中暑死亡病例 2 例,可见,中暑的危险性不容小觑。而孩子由于体质弱、防范意识不强,则更易发生中暑。

孩子发生中暑的原因有很多,例如,上学放学的时候路途远、气温高,或者在室外玩耍没有采取防晒措施,等等。中暑后孩子的身体会非常痛苦,轻则头晕、呕吐、腹泻,重则昏迷、休克,等等,因此,为了保护孩子的身体健康,家长们应告诉孩子一些防暑的小窍门,让孩子远离中暑。

2011 年 8 月 2 日,3 岁女孩颜颜经抢救无效死亡。医生的诊断结果是,其死亡原因是因当日天气炎热,女孩在封闭的幼儿校车内待的时间过长,中暑后缺氧、脱水而导致死亡。8 月 4 日,安庆市公安局法医对颜颜进行了尸检,确定颜颜的死亡原因为中暑死亡。

另据报道,2008 年 8 月 14 日,年仅 1 岁的约翰·布莱尼于美国华盛顿州的一家儿童医院因中暑而死亡。

原来,约翰做教师的妈妈要带着她的学生们到礼堂做礼拜,但因为时间比较紧迫,在她带着孩子把车开到学校后,便匆匆锁上车门跑向了办公室,然后再带着学生们赶往礼堂。直到几个小时后,她才想起孩子还在车里,而那时气温已经是 32 摄氏度,等她看到孩子的时候,孩子已经因中暑而死亡。

上述这两个事例均是孩子因为被锁在车内而导致中暑,并酿成了死亡的惨剧。我们相信,每一个做父母的都不希望自己的孩子遭受这样悲惨的命运。既然如此,那么我们就要积极行动起来,一方面在带孩子的过程中小心谨慎,不要犯类似的错误,另一方面还要教会孩子一些预防中暑的知识,好让孩子加强自我保护能力。

1.帮孩子做好防暑工作

孩子的玩性大,如果没有家长的引导,往往不会顾及天气炎热,因此,家长就要在这方面多下些工夫,比如告诉孩子不要在高温下长期活动,而应多利用早晨和黄昏的时候外出游玩,并适当补充一些淡盐水。另外,我们还可以在孩子外出时为其配备一些清凉油、藿香正气水等防暑药物,以备不时之需。

2.叮嘱孩子多喝白开水,少喝冷饮

孩子对于冷饮的酷爱似乎出乎家长们的想象,正因为此,家长们更应该把好这一关,因为多喝冰冷的饮料虽然会带来短暂的舒适感,但大量饮用容易造成毛孔不畅,无法排除汗液,容易发生中暑。而饮用白开水却不会存在这个问题,当然需要提醒的是,平时可适当多喝一些白开水,但在中暑后则不宜大量饮水,因为会增加心脏负担、冲淡胃液、影响消化功能,以致加重恶心等症状。

3.帮孩子做好防晒工作,中午时段尽可能别外出

孩子的肌肤很娇嫩,如果长时间暴露在酷热的阳光下,那么很容易出现晒伤的情况,因此,在炎热的夏季,家长可以为孩子涂抹一些适宜儿童用的防晒霜,或者佩戴遮阳帽、遮阳伞等。另外,如果不是特殊情况,尽量不要在中午阳光暴晒的时段让孩子到室外去,即使到室外游泳也要避开12点到下午两点之间。

遇到沙尘暴,孩子该如何保护自己

当春风吹拂大地,树木吐绿,冰河融化,到处呈现出一派生机盎然的景象。可是,就在这明媚的大好春光里,在我国部分地区却时常会受到一个不速之客的侵袭,它就是沙尘暴。

由于沙尘暴的到来,医院里会接诊很多由此引起的沙眼、过敏、咳嗽等病患,而更多的还是抵抗力不强的孩子们,因此,这就需要家长们多采取措施、多引导孩子,好让孩子对沙尘暴严密防范,免受伤害。

2010年4月23日,沙尘暴侵袭了我国多个省市,据媒体报道,当天甘肃省某县的强沙尘暴使局部时段的能见度接近于零,在内蒙古的多个县市,沙尘所到之处都是漆黑一片。

在沙尘暴的威力下,房顶被掀翻,街道上的广告牌被刮掉,路边的树木被吹得东倒西歪,到处一片狼藉,惨不忍睹。

另据媒体报道,在 2007 年 3 月 16 日,伊朗遭遇到沙尘暴的猛烈袭击,造成 5 人死亡,14 人受伤,其中,有 3 名不满 1 周岁的幼儿因为沙尘暴天气而窒息而死。

对于伊朗沙尘暴,某报纸是这样描述的:"在伊朗中部雅兹德省的巴夫小镇上,风速达每小时 80 公里,严重影响了人们的正常生活,而东南部地区克尔曼省的巴姆市受灾最为严重,风速竟高达每小时 130 多公里,有两人在车祸中死亡,不少汽车甚至被吹翻或因风沙抛锚,车窗被风暴击碎,沙尘席卷了整个车子。沙尘暴摧毁了大面积的房屋、树木和农场,致使受灾地区停电数小时,造成直接经济损失约 1 亿美元。"

可见,沙尘暴,特别是强沙尘暴的威力绝不容小觑,它和其他的自然灾害一样能够摧毁我们的家园,能够夺走人们的生命。不过,和别的自然灾害相比,沙尘暴有一点儿有所不同,那就是大多数时候,沙尘暴对人的伤害并不是直接的,而是间接的,比如被吹落的广告牌砸伤,或者因为汽车被吹翻而引发车祸等。

所以说,应对沙尘暴,如果家长能够早为孩子做一些相关准备,采取一些安全措施的话,还是极有可能免遭沙尘暴伤害的。

1.沙尘暴天气,尽可能不让孩子外出

在沙尘暴来袭的天气里出行是非常不安全的。我们知道,风沙漫天飞,影响人们的视线,并且会引发沙眼、咳嗽等症状,而且由大风吹折的树木等也容易砸伤孩子。

因此,家长应告诫孩子,如果通过天气预报或者他人告知等有沙尘暴天气的话,就尽量不要走出室外。

2.将门窗关紧

沙尘就像淘气的小精灵,会见缝隙就钻,如果开着门窗,那么就会让室内也蒙上一层沙尘,不但会让室内环境受损,还会引发孩子的过敏反应,导致呼吸道感染等疾病,所以,当出现沙尘暴时,家长应和孩子一起关好门窗,防止沙尘被吹进室内。

3.外出时要把自己"装进套子"

契诃夫笔下那位装在套子里的人,想必很多家长朋友都有印象。或许你想象不到,有一天我们也会成为装在"套子"里的人。而这,正是沙尘暴的"功劳"。家长应告诉孩子,如果在沙尘暴天气必须外出,那么一定得做好防护,戴上帽子、口罩,一方面减少沙尘对脸部的冲击,另一方面也防止小的微粒通过嘴巴和鼻孔进入人体。

危机自救

助孩子在突发事件中脱险

　　近几年发生的突发安全事件牵动着整个社会的敏感神经。那么，为了悲剧不再重演，为了在突发灾难、危机事件来临之际，孩子能少受伤害，除了政府、社会的努力之外，家长们也应该从自身做起，为孩子支招，让孩子学会基本的、必要的防范与避险的知识，让他们能够在突发事件面前灵活机智地应对，以期最大程度避免不必要的伤害和伤亡。

意外受伤时，教孩子做个能够自救的勇士

家长们都希望自己的孩子成为一个小大人，可具体到生活细节中，却又往往舍不得让孩子插手本可以做到或者尝试的事情。这样一来，孩子的独立意识、自主能力都将得不到培养，而依赖性和无主见等缺点则会因此滋长。

这些孩子一旦失去了家长这个拐棍，遇到问题时就会手足无措，不知如何是好。可是我们要知道，有些时候说不定就会遭遇什么样的突发事件，比如家长忽然有急事处理而只能让孩子独自待在家中，孩子不会自己上厕所大小便怎么办？孩子不小心划破了手指或者烫伤了皮肤，没有父母在场怎么办？

如果你希望孩子能够在这些突发情况和意外受伤事情面前能够镇定自若、勇敢面对并采取正确的措施来处理，那么就有必要放开手，多培养孩子这方面的能力，多提供这样的锻炼机会。其实，教孩子一些基本的急救方法是很有必要的，这本身也是孩子所需要的人生经验和技能。

在培养孩子方面，天天的爸爸做得很不错，他常常采取游戏的方式进行"实战演习"，让孩子既感受到游戏的乐趣，又学会了如何应对特殊情况。

前不久，天天的爸爸就想好了一套训练孩子处理意外受伤时如何自救的游戏，回家后便开始"操练"起来。

回到家后，天天的爸爸对儿子及家人们说了这个游戏，其中救人者是儿子天天，"病人"则是他自己。他讲了一些基本的伤口包扎、止血技术和心脏病急救方法后，游戏就开始了。

"哎哟！"正在客厅看书的天天听见爸爸在阳台上大喊了一声，便急忙跑了过去。

"怎么了，爸爸？"天天见爸爸左手的食指"鲜血"直流，忙问道。

"不小心割破了,伤口太深。哎哟,痛死我了!"爸爸"痛苦"地呻吟起来。

"爸爸,你忍耐一下,我来帮你包扎一下吧。"天天说完,转身跑到爸爸的书房,从书架的下端抱出一个小箱子,从里面拿出绷带、医用剪刀、酒精、医用棉签,准备替爸爸包扎"伤口"。

"天天,别着急,要想止住爸爸伤口的血,你还忘了一样重要的东西。"爸爸提醒道。

"真是的,我怎么一着急就忘了一样关键的东西呢?"天天说完,再一次转身跑向书房,手忙脚乱地从小药箱里翻出"云南白药",又跑回客厅。

"爸爸,快包扎完了,很快就不会痛的。"天天帮爸爸清洗完"伤口"后,在爸爸的指导下,细心地在创伤面上撒上药粉,再用绷带一圈圈地缠上。

"不错,干得好!"爸爸夸奖了儿子,"不过,如果真的发生了事故需要你急救时,你一定要冷静、要迅速,像你刚才不是忘了拿这,就是忘了拿那。真的有伤员在你面前时,你这样把时间花费在寻找东西上,就会耽误抢救的最佳时间,记住了吗?"天天点了点头。

"另外,如果是爸爸或其他人的伤口较大,伤势严重,你应先拨打120或999,然后再进行急救,这样就不会耽误抢救时间。"爸爸接着说道。

"知道了,爸爸,如果我以后再碰到了这些事情时,我相信我能做得很好。"天天自信地对爸爸说。

看完这个事例,我们不得不感慨,天天的爸爸的确是一位善于教导孩子应对意外伤害的能手。他用这种"演练"的虚拟形式,让孩子亲身体验如何应对意外伤害,很值得家长们借鉴和学习。

我们还注意到,现在各种媒体上都会经常介绍一些关于不同疾病的常用急救方法,或是其他类型意外伤害的急救方法,还有一些专业书刊里就介绍得更为详细,父母应该有选择性地把一些常用的急救方法讲给孩子听。当然,最好能让孩子有一个实践的机会,而这样的机会,父母平时就能为孩子创造,比如用玩游戏的方式,这样既避免了恐怖,又不严肃,还能寓教于乐,使孩子的印象更深,能很好地掌握急救方法。

1.让孩子掌握一些简单的急救方法

一般来说,意外伤害都是突发性质的,急救措施是越快越好。对于这种情况,如果孩子能够掌握简单的技巧,可能会挽救一个生命,因此,家长可以通过网络、电视、书籍等搜寻一些针对不同意外伤害的急救方法,在自己搞明白之后再灌输给孩子。另外,也可以用生活中的实例,这样孩子就容易掌握,而且也能够在发生意外时用得上。

在此需要提醒家长们的是,在教育孩子基本的急救、自救方法前,父母应先让孩子对一些常见的疾病症状有所了解,如果家里有人犯有心脏病或其他疾病,一定要让他知道,并告诉孩子家里的急救药品放在哪里,万一疾病发作了怎么做。另外,还可以有意识地向孩子讲讲你所了解的、别人怎样采取急救措施的经验,并和孩子一起探讨,如果孩子遇上这样的事情,他是否还有更好的急救方法,能对自己及他人实施最好的救助。

2.教孩子掌握的自救、急救时的细节

孩子活泼好动、好奇心强,因此他们出现意外伤害的情况一点儿都不少见。由于不少意外发生得太快太突然,因此就必须在发生意外的现场先做必要的应急处理。然而,有时家长并不能时时刻刻都陪在孩子身边,当孩子独处时发生了意外,他能够做到自我急救吗?父母应该从孩子懂事起就教会孩子一些急救常识,教孩子时须注意以下几点:

①家长要掌握科学的急救常识。正确的救治是减轻伤害的根本,错误的指导会给孩子造成更严重的伤害。

②家长要注意孩子的接受能力与承受程度。孩子由于年龄的原因,心理比较脆弱,如果过分强调各种危险的可怕性,会给孩子造成严重的心理负担,如有的父母用恐吓的方式警告孩子不要摸电器,则可能使这个孩子在日后的生活中不敢使用任何电器。

③让孩子体验角色。如和孩子一起扮演病人和医生,通过各种情境让孩子掌握急救常识。

④在家里准备一个小药箱,并放在显眼、易于拿到手的地方。

手脚受伤,孩子知道怎么办吗

活泼好动是孩子们的天性,而自我保护意识不强的他们是很容易碰伤这儿,划破那儿的。

如果身边有家长陪伴,当孩子出点儿什么问题,就可以找家长帮忙,比如手指出血,我们会用一只手帮孩子使劲儿压住受伤手指的两侧;如果孩子的脚受伤了,家长也会用随身携带的药品或者纱布等帮孩子止血、包扎,并安慰孩子不要担心。如果孩子受伤较为严重,家长就会马不停蹄地将孩子送到医院治疗。

可是,孩子身边没有家长在的时候,出现这样的状况该怎么办呢?孩子能用自己的智慧和能力帮自己止血、包扎吗?他们该怎么保护自己呢?

安安是个有名的皮小子,平时爸爸妈妈不敢让他一个人玩耍。可是有一次,安安的奶奶突发脑血栓,没办法,他们只好把安安一个人放在家里。

安安还从来没"享受"过无人看管的自由,在家里就撒起欢来。安安一会儿蹦到这儿,一会儿跳到那儿,看看这个,摸摸那个,似乎以前这个家不是自己的家似的。

可是,就在安安在床上蹦来蹦去的时候,他的一只脚忽然踩空了,整个身体都侧歪着掉下床来。顿时,安安疼得乱喊乱叫,他感觉最痛的地方是脚踝,双手捂着直掉眼泪。

安安不知道该怎么办,又怕爸爸妈妈责怪自己而不敢给他们打电话,就这样干熬着。等晚上妈妈回家后,安安的脚踝处已经肿起来一个大包了。

和安安一样,思思也是个活泼调皮的孩子。有一天,思思的爸爸出差了,妈妈去楼下买点水果,就让思思一个人在家。思思发现抽屉里有一把水果刀,觉得好玩,就拿出来准备自己削苹果吃。

思思洗苹果的时候,水果刀还攥在手里,结果一不留神,手被刀碰到了,顿时鲜血就流了下来。

见此状况,思思吓坏了,哭着给妈妈打电话。妈妈赶忙回家,见到思思正大哭不止地举着受伤的手指,而地上已经流了好多血,于是,妈妈赶紧为思思做了简单的包扎,然后带着他去往最近的医院了。

家长们无不希望自己的孩子平平安安,毫发无伤,如若孩子一不小心碰伤磕破了,家长的心就不由得揪紧,恨不得这伤痛由自己来替孩子承受。

为此,家长们都会尽力保护孩子的安全,不忍心让孩子受到丁点儿伤害。可是孩子终归是活泼好动的,更是自我保护能力较弱的一群人,所以,家长们要想让孩子平安健康,一定要竭力保护孩子的安全,不仅如此,我们还要让孩子懂得自我保护,这样即使父母不在身边,他们也能通过自己懂得的急救知识对伤口进行简单急救,不至于进一步恶化。

1.教孩子学会使用创可贴

在家长看来,创可贴是个"无师自通"的简易药品,是不需要教就会的。这样想的家长太高估我们的孩子了,他们如果没有见到过,或者没有仔细观察过创可贴的使用方法,真到需要的时候,说不定真的不知如何操作呢。所以,家长应在平时为孩子创造点儿"操练"的机会,比如你的皮肤擦破一点儿,需要创可贴的时候,可以让孩子帮忙,通过这样的实际操作,孩子就会掌握使用创可贴的方法和技巧了。

另外,家长们应告诉孩子,当他们的身体某一部位破损,流了血,先不要恐惧和焦虑,而应保持镇定,用流动的自来水多冲洗一会儿受伤的地方,然后用干净的布擦看,再用酒精消毒后,贴上创可贴。

2.让孩子学会用白色棉布或纱布紧急止血

除了创可贴,还有止血胶布同样可以起到止血的作用,为此,家长可以告诉孩子,如果受伤后,身边没有创可贴而有止血胶布或者干净的棉布,那么同样可以用它们包住伤口止血。

受伤后及时止血非常重要,因为这样就会免得让孩子等到就医时再止血,而那样的话,很多血液就白白流掉了。

3.当包扎后还止不住血时,可用手指按压,并立即就医

有时候伤口破损较深,血流不止,即使孩子把伤口包住,还是无法止血,那么家长可以在打120急救电话的同时,教给孩子用指压法来止血。具体来说,我们可以教孩子这样操作:如果是手指出血,那么就用一只手用力压住受伤手指的两侧;如果是手肘出血,那么就用一只手的四指用力压住受伤手臂上臂内侧隆起的肌肉来止血。

这样操作后如果还是止不住血,那么就说明手指按压的地方不对,应该让孩子调整手指按压的位置,当按到血管上时,就可以止血了。

如果孩子受伤的部位是脚或者小腿,家长就该告诉孩子先仰面躺下,并把脚垫高,同时,找身边的人帮忙按住股沟、腰部、阴部间的血管,这样也可以起到止血的作用。

教会孩子掌握头磕伤时的自救方法

当孩子参加体育活动,比如跑步、踢球、跳高的时候,或者在互相打闹的过程中,都有可能磕伤头部。当看到磕伤的地方鼓起大包或者流出鲜血的时候,孩子往往会紧张不已,担心自己的"司令部"出危险。

不管有无危险,让孩子学会在头部磕破时的应急处理还是很有必要的,这可以帮助孩子有效地防止受到进一步的伤害。

所以,为了能够让孩子掌握一些应急技巧,家长们最好及早告诉孩子一些具体的自救方法。

10岁的甜甜经常带着比自己小3岁的弟弟曦曦玩耍,而且还很懂得照顾弟弟,为父母分担了不少辛劳。

一天,甜甜带着曦曦在小区里玩捉迷藏,结果曦曦不小心碰到了花池旁边的石头上,脑袋磕得很疼。甜甜顾不上安慰弟弟,赶紧拉着他的手,把他带到小区里的一个自来水管旁边,她让弟弟蹲下,然后打开了水龙头。甜甜告诉弟弟先闭上眼睛,然后就用手捧着水给弟弟冲起磕伤的地方来。

冲洗了一会儿,甜甜觉得差不多了,这才用随身带着的纸巾给弟弟擦干,带着他回家了。

爸爸妈妈听了这件事情的经过,不住地夸女儿做得很棒。甜甜说:"这都亏爸爸妈妈平时多教我,我才知道的呀!"

看完这个事例,不禁为甜甜的做法感到佩服。一个 10 岁的小姑娘在弟弟受伤后不但没有惊慌失措,而是及时采取了正确的救助措施,让弟弟的伤害减少到最小。

家长们不禁感慨:如果自己的孩子也能做到甜甜这样该多好呀!

实际上,要想让你的孩子如此,并不是很困难的。我们也看得出来,甜甜说自己能这样做多亏了父母平时对自己的教导。可见,如果我们平时也对孩子进行一些相关的教育,让孩子懂得一些自救方法的话,那么是不是会有无数个"甜甜"诞生了呢!

1.头部磕碰了起包后,不要用手按揉

有的孩子在发现自己头部因为摔伤而鼓起来的大包后,不知道出于何种心理,总想把它"按"下去,殊不知这样做,不但不会让包消除,反而会因为妨碍血管凝固而加重血肿。

那么怎么来消肿呢?正确的做法就是像上面事例中甜甜那样,用自来水冲洗,如果有冰块的话,也可以用冰块冷敷,在淤伤的部位敷一刻钟左右,可以帮助孩子减轻肿胀、缓解疼痛。

2.擦破头皮后,要先止血后消毒

家长应告诉孩子,一旦头皮擦破,那么先要做的不是消毒,而是止血。止血的方法可以是用消毒纱布压在伤口上,或者用干净的衣服、手绢等替代。压住伤口的力气不要太大,当停止流血后把手和按压物拿开即可。接下来需要做的就是清洁伤口了,可以先用过氧化氢冲洗,再用棉签蘸上碘酒,在受伤的地方由里向外消毒。

流鼻血时，孩子如何来应付

孩子摔跤，或者天气变冷或者变热、变干燥时，孩子都容易出现流鼻血的现象。甚至有些时候流鼻血是因为孩子总用手去抠鼻孔导致，还有的时候是由于缺乏维生素导致。总之，流鼻血是发生在孩子身上比较常见的现象，而此时多是老师或者家长上前帮忙止血。

那么，当没有家长或者老师在的时候，孩子自己会不会止鼻血呢？当然是可以的，只要家长告诉孩子一些方法，那么孩子自己就可以应付流鼻血了。

2010年7月，媒体上曾刊载过这样一个故事：

润润在和小伙伴们一起玩游戏的时候，一不小心被伙伴撞倒在地，碰巧磕破了鼻子。润润站起来后，脸上、身上都是泥土，而鼻子处却不停地有鲜血冒出来。

见此情景，小伙伴们纷纷出主意，这个说把小石块压到耳朵上，那个说把胳膊举起来，还有的说扬起头来，让血再倒流回去。

听到这么多解决的办法，润润一时也不知如何是好了，她分别采用了伙伴们告诉的几种方法，可是结果都不理想，血还是没有止住。

这时候，润润的叔叔正好路过，看到润润的鼻子血流不止，赶紧带着她去了医院，才把血给止住了。

孩子们虽然积极想办法，但是他们的方法却并不科学，所以也就没能帮助润润把鼻血给止住。

其实，孩子出鼻血是比较常见的症状，这是因为儿童的鼻黏膜非常娇嫩，鼻内的血管壁也很薄，只要稍微碰一下，就有可能造成血管破裂，引起出血。

但是大多数孩子并不知道正确的止血方法，一看到血不停地流出来就惊慌失措。那么，家长在此问题上该怎么来指导孩子呢？

1.用药棉签把鼻孔堵住

如果手边有脱脂药棉签，那么我们可以让孩子将药棉签卷成和鼻孔粗细一致的细条，然后塞进鼻孔里。需要注意的是，不要塞得过松，那样的话达不到止血的目的。

2.让孩子捏紧鼻孔，坚持10分钟

家长可以告诉孩子，在发现流鼻血后先别慌张，而是坐下来放松身体，然后把头稍微向前倾斜一点儿，再用拇指和食指紧紧地捏住鼻子。坚持10分钟后，一般就可以止住鼻血了。

3.用冷毛巾或者冰块敷鼻子

如果捏紧鼻孔或者堵了药棉签后还是流血，那么就可以拿一个冰袋放在鼻根的地方，没有冰袋的话，也可以用冰块来替代。

4.如果一直血流不止，就立即去医院救治

一般的流鼻血，用上述3个方法都可以止血，但也有个别的情况，不管怎么弄，血都是不停地流。这时候，就要尽快去医院治疗了，因为引起流鼻血的原因也可能是急性感染或者血液病等，所以，当自己采取方法仍然不见好转，就要去医院进行治疗。

家里发生火灾，你的孩子会报警吗

我们的生活越来越便利，条件也越来越好，家用电器和厨房、浴室里的设备也非常丰富，但是这些在为我们的生活提供便利和增强品质的同时，也潜藏着一些风险。比如，在燃料煤气逐渐普及的当下，由于使用不当、用火不慎和电线老化等原因，导致家庭发生火灾的可能性相应增大。

俗话说，水火无情。那么，在此紧要时刻，如果孩子独自在家，那么他知道报火警吗？知道正确的报警方法吗？因此，如何让孩子知道家里发生火灾时顺利报警以保护生命和财产的安全,是每个家长应该做的。

2011年秋天,河北省某县一个11岁的男孩超超独自在家,当他看到爸爸新买的打火机时觉得很好奇,于是就拿起来打开了。

谁知由于超超没拿稳,燃着火苗的打火机一下子落到房间里的泡沫塑料上。超超吓坏了,一时间不知如何是好。而此时,火已经渐渐着了起来,并且从泡沫箱着到了周围的家具和物品上。

见此状况,超超赶紧跑出屋门,来到院子里,他看着冒着烟和火苗的房间吓得哭了起来。

周围闻讯的邻居赶到后,迅速打电话报了火警,但还没等消防车赶到,超超家的3间房子就烧得到处是灰烬了。

其实,超超家离县消防队不过1公里远,如果在刚发生火灾时就报警,那么就不会造成这么大的损失了。

另一个孩子的做法却和超超迥然不同,这个12岁的女孩独自一人在家里做饭,突然火星把她的衣服引燃了,可是小女孩并没有慌张,而是赶紧将炉灶的气门关闭,然后躺到地上打起滚来。很快,身上的火就被扑灭了,她只是受了一点点小伤。

原来,这个女孩的父亲是一名消防员,平时在和女儿相处的时候,他经常告诉孩子一些消防知识。这次,孩子就用上了。

同样是面对家里起火,两个孩子不同的做法出现的结果也就截然不同,可见孩子是否懂得应对家庭起火的知识是至关重要的。

作为家长,我们可以问问自己:家里一旦发生火灾,该如何报警和自救?如果我们的孩子经受过这样的训练的话,那么即使火灾降临,也会将损失减少到最低,并且能够最大限度地保护自己的人身安全。

1.教给孩子如何报火警

孩子的记忆力是很强大的,在四五岁时,父母就可以时常告诉孩子一些报警电话,比如火警是119,也可以拨打110。当然,只知道这两个电话还远远不够,我们要告诉孩子,拨打电话的时候不要慌张,电话接通后,要和接警中心说清楚家庭的地址、火势大小、什么东西着火,等等,这样才便于消防队员及时了解情况,并以最快的速度来到火灾现场。

2.发生火灾时,孩子需要知道哪些应急措施

①发生火灾时,应立即拨打火警电话。

②对于一些大一点儿的孩子而言,他们自己也可以成为"消防员",当然,这是在火势较小并且家中具备灭火条件的情况下才可以实施。如果是这样的情况,我们可以告诉孩子迅速地使用灭火器或用脸盆端水将火扑灭,但电器着火不能用水扑灭。

3.防患于未然,加强防火意识的培养

尽管家长们都知道火灾的危险性,但由于防火意识不高,对孩子的防火教育也多处在一个盲区,所以说,为了保护孩子的生命和家庭财产的安全,作为家长,不仅自己要有防火意识,而且也要对孩子进行防火教育,这样孩子的防火意识就会增强,火灾发生的可能性就会大大降低。

教孩子学会如何面对油锅起火

虽然大部分家庭不会让孩子一个人做饭,但是有些家长因为工作需要或者其他因素,不得不让孩子做饭。那么,如何让孩子能够安全地把饭做好,是家长们不得不重视的,因为时常有报道说孩子因为做饭而受伤,或者引起火灾等事件。

对此,家长们有必要提前灌输给孩子一些相关的知识,好让孩子在做饭这件既能够锻炼独立性的事情上再掌握好安全性。

曾有媒体报道,天津市南开区某小区发生了一起厨房火灾。火灾发生后,由于消防人员到得及时,很快大火便被扑灭了,此次火灾没有造成人员伤亡和较大的财产损失。

记者调查得知，火灾是由一名12岁的女孩在家中厨房做饭引发的。

据女孩的家长介绍，当时孩子的父母都因为有事中午赶不回来，孩子就只好自己做午饭。没想到，正做着饭的时候，客厅里的电话铃响起来了，孩子就出去接电话，电话是孩子的外婆打来的，两人聊着聊着就过去了十多分钟，而孩子早已忘了厨房里还开着的燃气灶。

就这样，燃气灶蹿出来的火苗把锅里的油给引燃了。接着，油烟管道也被引燃了，火就着了起来。

看着凶猛的火势，孩子一下子慌了神，于是抄起洗菜的水盆往油锅里泼了一瓢水，结果火不但没有熄灭，反而燃烧得更猛了。几分钟后，整个厨房的灶台就都烧了起来，此时女孩才赶紧跑出厨房拨打了报警电话。

在很多对于生活常识知之甚少的人的下意识里，见到火就用水浇灭是很自然的事。可是他们不知道，如果是往着火的油锅里泼水，是不会将火浇灭的，反而会让火更加旺盛。

我们知道，火燃烧离不开空气，其实，最好的办法就是赶紧拿锅盖盖上着火的锅，这样可以让火苗和空气隔绝，也就没有继续燃烧的条件了。

换句话说，如果在平时家长多对孩子进行一些相关的教育和引导，那么可能就不会发生像上述事例中这样的事故了。

1.如果有可能，还是不要让孩子独自做饭为好

虽说孩子独自做饭是体现其独立性的一个方面，但是任何品质和习惯的培养都不能建立在不顾及安全的基础上。如果家长想对孩子进行独立能力的培养，那么可以对孩子进行指导，在一旁观看和监督，这样才能帮助孩子做好安全防范，以免发生火灾及其他事故。

2.告诉孩子应对油锅着火的安全知识

不管是否让孩子单独做饭，我们都可以告诉孩子一些关于油锅着火的应对方法：

①发现油锅着火后，不要用水扑救，这是因为油不溶于水，起不到灭火作用，而且还容易让火越烧越旺。

②油锅着火后,也不要端起锅把油往地上倒,因为这样做很可能会让油溅起来烫伤身体,或者烧着的油将地面上的地板及其他物品引燃,更为危险。

③在油锅着火后,最简单的办法是把切好的冷菜沿着锅沿的边缘倒到锅里,这时候如果火焰还没熄灭,就赶快盖上锅盖,并关紧燃气阀门。

在高层建筑内着火时,孩子如何自救

现代城市里的家庭大多生活在高楼大厦内,外出逛街、游玩也时常是在高层建筑内。家长们需要注意的是,当孩子在这种地方遭遇火灾怎么办?

2010 年,对于发生在上海的那一起居民楼火灾事故,可能很多家长都有耳闻,此次事故共造成 58 人遇难,百余人受伤。

同年 4 月,某电信大厦失火。某网友在微博上发帖称,14 时许,该电信大楼发生爆燃起火,据说起火处是 13 楼的机房,大批的消防人员已经进入大楼,在大楼外未看见浓烟,武胜路周边地区道路已临时封闭,大楼外围有十几部消防车,还有消防人员不断赶赴现场,已经有 4 名伤员被抬出,且又有一部担架进了大楼……可以说,因高层楼房起火而造成人员伤亡的事件并不鲜见。那么作为家长,我们都不希望自己和自己的孩子摊上这样的遭遇,但同时我们是否也会想到,如果自己的孩子在高楼内遇到火灾,能否从容面对,逃生自救呢?

2011 年 8 月初的一天,某市一个居民小区内的 12 楼发生了一起火灾。据说,当火灾发生的时候,一个 10 岁大的女孩被困在了着火的房间里。但幸运的是,消防员及时赶到,并且被困的孩子采取了自救措施,使她顺利逃出火灾现场。之后经过消防人员的努力,很快便把火给扑灭了。

原来,几个小时前,孩子的父母需要外出,但又不方便带上孩子,就把她一个人反锁在家里。当发现房间里着火的时候,孩子正在看电视,她毫无察觉。其实，是由于天线老化发生了短路才造成的起火。当孩子发现着火的时候，火情已经不在她的控制范围内。

尽管如此，这个小女孩并没有慌张，而是将失火的那间卧室的门关紧，然后拿起客厅里的电话拨打了 119 火警电话。她知道父母已经将门反锁，自己是无法将门打开的，于是她就走到另一个窗户对着马路的卧室把门关紧，然后打开窗户向外呼救。

看完上面这个事例，我们不得不为这个机智、勇敢的女孩竖起大拇指。想必每个父母都想，如果自己的孩子也能在类似的情况下做出这样的反应该多好啊！

其实，不用羡慕别人，只要你平时花一些心思，多教给孩子一些相关知识的话，那么你的孩子也同样可以在着火的高层建筑内得以逃生。

1.对孩子进行安全教育

家长可以通过模拟演练、讲故事等方法来对孩子进行安全教育，比如假设自己或者孩子在火灾现场，有针对性地对孩子进行指导，并启发孩子如何自救。

2.告诉孩子相关的安全知识

上面事例中的小女孩之所以能够顺利逃生，是因为她掌握了很多自救的知识。比如，她懂得关上着火房间的门，以防止火势蔓延；拨打 119 火警电话；到没有着火的房间里打开窗户呼救，等等。因此，我们也可以围绕着如何安全自救告诉孩子一些相关知识。

①当发现火灾，一定要冷静，如果火势小，就用灭火器或者自来水去扑救。如果是在教学楼或者商场等人员较多的地方，一旦发现火灾，还可大声呼救，让更多的人参与到灭火和报警中来。

②逃生的时候，不要乘坐电梯，因为一旦发生断电，就会窒息而死。

③开门逃生之前，先用手摸一下门锁的温度，如果温度高，说明火势较大，这时候就不要打开房门，而应通过窗户向外求救。如果门锁温度低，则可说明外面火势不大，这时候可开门观察一下，然后尽快逃出火场。

④如果烟雾较浓,可以用湿毛巾捂住口鼻,然后以低姿势快速前进,但不要向墙角、桌子底下、大衣柜里等狭窄的角落退避。

孩子应该知道的公共场合防火自救术

孩子们常会由父母带着去逛商场、书店、室内儿童游乐场等地方。多数家长可能对于在媒体上见到的类似公共场合发生火灾事故的消息早已视觉疲劳,却从没想过自己碰到这种情况的话该怎么办,也没考虑过自己的孩子又能否在火灾中自救求生。

那么,为了孩子的安全,在此,我们就为大家弥补上这一课吧。

大约5年前,某城市一座儿童商场的3楼发生了火灾。发现商场起火的附近居民报警后,消防队立即出动了消防车进行扑救。

可是, 由于火势迅猛, 第一批赶到现场救火的消防队无法将火势控制住,随即指挥中心又调遣了邻近的几个消防中队前来增援。

最终,经过众多消防队员的通力合作,大火在燃烧了4个多小时后被扑灭。

据相关人士介绍,第一批到达现场的消防员在第一时间搜救出了被困于大楼内的10名孩子和家长,并赶紧送往医院抢救。但由于烟熏使他们都发生了中毒,10个孩子和家长全部死亡。

上面这样的事例听了直让人痛心,一个个鲜活的生命就这样被无情的大火给带走了。试想,如果那10个人懂得一些自救方法,并能够在紧要关头冷静下来采取措施,说不定他们还会有生还的希望,所以说,为了孩子能够在公共场合发生的火灾里利用所掌握的知识自救,是家长们亟须教给孩子的。

1.对孩子进行公共场合的防火自救教育

家长应该告诉孩子,平时可能接触到的环境,哪些公共场所可能会发生危险,一方面尽量不让孩子去这种地方,另一方面让孩子了解一旦遇到该怎样防范危险、如何让自己和他人获得解救。另外,有条件的话,家长还可以对孩子进行自我救助方面的训练。

2.让孩子懂得一些火场逃生的知识

孩子进入公共场所,往往只会考虑到如何好玩、如何有趣,而没有较强的对可能发生的危险的防范意识。那么,家长就有必要教给孩子一些相关知识,比如当进入一个陌生的环境时,要记住楼道、安全门和灭火器的位置,提前为自己规划好一旦火灾发生该如何逃生的路线。

另外,家长要告诉孩子,逃离火灾现场的时候,要设法自我保护,比如为防止被烟雾呛着或吸入有毒气体,可用湿毛巾捂住口、鼻,如果没有毛巾或者无法接近自来水管,也可以用自己身体里的尿液和身边的棉质衣物或床上用品来救急。

需要注意的是,一旦发现火情,不要轻易放弃,而应利用各种可能的方式求救。

若被歹徒绑架该如何脱身

社会上总有一些不法分子,为了牟取利益铤而走险,利用孩子年幼体弱的特点来进行绑架,以作为人质向其家长勒索钱财。这些歹徒中,有的人是陌生人,有的则是当事人的亲戚或者熟人。

作为家长,我们可能会担心万一自己的孩子遭遇绑架该怎么办呢?孩子能顺利脱身吗?

既然有此顾虑,那么我们不妨提前给孩子进行一些相关的教育,好让孩子万一遭遇绑架时能够逃脱歹徒的魔爪。

某媒体报道过这样一则新闻:

2006 年 1 月 19 日,正要去上学的 12 岁小学生小强遭到绑架,被勒索赎金3万元。接到孩子父亲报警后两个小时,宁波海曙警方就将绑架者缉拿归案。令警方感慨的是,2小时历险中,12岁的小强没有慌乱,没有反抗,还和绑匪聊天,让他们放松了警惕。解救人员说:"孩子能够安然获救,和他的聪明机智是分不开的。"

下面听小强讲讲当时的经过。

"他们把我的手脚绑了起来,我害怕得想哭。矮个子揪着我的衣服问我:'你爸爸叫什么?他是干什么的?'

"我知道,我真的遇上坏人了。电视里的人遇上绑匪,如果说自己很有钱,最后会被杀掉。如果反抗,会被打死,我可不能这么干。

"我爸爸是建筑工地的包工头,他总是说他能赚很多钱。我不能说实话,我告诉他们,我爸爸妈妈都是工地里打工的。

"他们逼着我说出了家里的电话。没多久,矮个子就出门了,估计是给我爸爸打电话去了,只留下我和高个子在一起。

"我看了看他,发现他要比那个矮个子和善得多,我就和他说话,他也和我说。后来,我说手绑在后面太紧了,很痛,他马上把我的手解开,绑到了前面。后来,他还拿了一瓶水,问我要不要喝。

"我想,他也许还不是那么坏,想请他跟矮个子说放了我。没想到,他自己倒先跟我说他想放了我,可矮个子让他不要管闲事。我说:你们两个脾气不一样呀。高个子好像很无奈,没说话,出去了。我一个人在那里拼命想怎么样能说服他放了我。

"我正想着呢,突然听到外面有很大的响动,很快,我就看到一群警察叔叔冲进来,帮我解开了绳子。"

事例中的男孩用沉着和机智挽救了自己,使自己成功摆脱了歹徒的控制。作为家长,我们何尝不希望自己的孩子也具备这样的能力和素质呢?先别着急,看看下面这些方法,并将它们教给你的孩子,相信你的孩子也能够临危不乱,设法应对。

1.镇定冷静、不惧怕、树立必胜的信心。同时寻找歹徒的疏忽之处,然后寻找借口,将消息传递出去,并向可能对自己有帮助的人暗示所在方位。

2.如果发现周围没有人,就不要盲目呼救,因为即使喊也没人听到,反而会让歹徒产生反感和恐惧,说不定还会因此杀人灭口。

3.虽说歹徒大多有着蛇蝎心肠,但是他们毕竟也是人,是人就有感情。我们可以教导孩子,在适当的情况下还可以对歹徒进行说服感化,这样会使对方对自己和自己的家长的敌对情绪有所削弱,从而减少对你个人的伤害。

4.在歹徒们之间制造矛盾。这种情况适用于至少有两名歹徒。我们可以选择年龄小、精神紧张的歹徒作为突破口,给他们制造矛盾,以获取同情,找机会脱身。

5.用眼睛看清歹徒的相貌、身材、特征、人数等,同时还要记住事情发生的地方、时间和经过的路线,等等,这些都是警方捕捉歹徒的有利线索。

一旦被拐骗,如何逃出魔爪

网上曾有一则消息,说的是几个孩子同时被人贩子拐走,有一个机灵的小男孩却顺利逃了出来,回到了爸爸妈妈身边。

我们在为男孩感到欣慰和庆幸的同时,更多的还是为那些无法逃出魔爪的孩子感到遗憾。孩子都是无辜的,失去孩子,父母更是要承受难以想象的悲痛。那么,为了让我们不要成为不幸的主体,那么除了平时看管孩子之外,还要教给孩子在遇到危险情况时的自救措施。这样,如果万一发生不幸,我们的孩子可能还会在坏人放松警觉的时候想办法趁机逃走。

强强是个8岁的小男孩,在一所民办小学读二年级。一次,父母带他去参加同乡一位叔叔的婚礼,强强却在大人不注意的情况下被人贩子带走了。

当强强被那个自称为"叔叔"的人带到一个陌生地方后,他意识到自己被骗了,但是,勇敢的强强没有哭闹,而是恶狠狠地瞪着那个"叔叔",并试图闯过他设置的"人墙",可是一个小孩子的力量怎么能和一个大人相比?强强经过几次努力,除了被打了几巴掌、踢了几脚之外,没有任何作用。

在"叔叔"安排的地方住了几天后,强强被带到在当地做生意的一对夫妇面前,强强看着这对夫妇给了人贩子很多钱,之后他就成了这对夫妇的"儿子"。

可是就在当天,这对养父母便让强强穿上破旧的衣服,并在他脸上划了几处伤口,支使他去外面乞讨。

后来,强强凭借自己的机智和勇气成功逃出了那对夫妇的魔爪,并在好心人和警察的帮助下找到了亲生父母。而此时,强强已经是10岁少年了。一家人团聚固然高兴,但两年来强强所遭受的身体和心灵的创伤却无法弥补。

强强是勇敢的,也是智慧的,否则他将永远待在那个遭受欺凌的非人世界里。由此看来,在平时教育孩子的时候,家长们不但要告诉孩子如何防止被坏人骗,还要教给孩子在被骗以后怎样逃生,这样才更加实用。

1.让孩子不要慌张,而要时刻想着逃脱

有的孩子在遭受拐骗后,虽然一开始哭闹不止,但经过对方的几番折磨后,往往会吓得不敢再哭闹,只好乖乖听话。时间一长,孩子就会在这种环境里慢慢地适应、习惯,那时候连想逃跑的意识都没有了,因此家长们有必要告诉孩子,在发现自己被拐骗后,先不要慌张,不要哭闹,而是寻找时机,时刻不要忘了想办法逃脱。当然,凭借小孩子的力量跟人贩子硬拼肯定不行,聪明的做法是学会观察地形和识别方向,这会有利于孩子成功逃脱魔爪。

2.在没办法逃脱的情况下,要听从"主人"的话

当被人拐骗,见不到父母的情况下,孩子内心的恐惧情绪可想而知。可是,如果孩子在人贩子面前大哭大闹,不但不会有什么作用,反而会增加危险的系数,所以,家长们在教育孩子的时候应该告诉孩子,当被坏人抓住以后暂时没有逃生的机会时,要假装很听话的样子,不要哭也不要闹,这样做的话,就会使人贩子放松警惕,而孩子也可以趁此机会伺机逃脱。

3.教孩子懂得借助外援帮自己脱身

歹徒都怕人多的地方,所以孩子在逃跑的过程中可以往人多的地方,比如商场、居民区等地方逃跑,边跑边喊:"救命啊,后面有坏人追我。"在人多的闹市中,犯罪分子不敢声张,更不敢猛追,往往会知难而退。

另外,家长还可以教给孩子用写纸条的方式向外界传达信息,寻找外援。比如,趁坏人不注意的时候,孩子可以将"我被坏人拐骗到这里,求好心人救救我,我家的电话是××××"这样的话写到纸条上,然后想办法扔到外面去,而且扔得越远越好。总之,孩子要想尽一切办法留下线索,这样父母和警察才会更容易寻找到自己,并抓获歹徒。

当不慎走失时怎么找到爸爸妈妈

当逢年过节,假期来临,家长都会带着孩子走亲访友,或者去户外游玩。而在这种特定时期,孩子发生走失的概率远远高于平时,这是因为孩子往往对新鲜事物感到好奇,会不自觉地停下来,这儿看看,那儿摸摸。家长一不留神,孩子就会脱离自己的视线,从而出现孩子焦急、父母更焦急的场面,因此,在日常生活中,家长多向孩子灌输一些走失时的应对措施,将会在很大程度上帮助孩子重新回到父母身边。

据某报纸报道,2012年4月底,有两名小男孩结伴出来玩时迷路了,找不到父母。幸好被警察发现,经向孩子耐心询问得知他们的家庭住址,将两名孩子送到了父母身边。

两个孩子的父母均是从湖北来石家庄打工的,他们纷纷表示:"感谢民警帮我们找回了孩子,否则,我们真不知怎么办了!"

据了解,两个孩子的父母是湖北老乡。2011年,两家人一起到石家庄后,一直住在一起。两家的孩子从小就很要好,当天晚饭前,两个孩子在院里玩,一不留神就找不着了,两家大人发疯似地发动街坊邻居满大街寻找。叶先生说:"接到民警电话时,两家人正在为孩子着急,孩子的母亲已经哭晕过去了。孩子找到了,真是太感谢公安民警了!"

走失后同样重新回到父母身边的健健的事例也很值得我们分享:

2012 年 5 月初,一名叫"丑得想整容"的网友爆料称,5 月 1 日晚上 8 时许,在某酒店门口有一小朋友走失。

一天的时间里,该微博内容被 200 多名网友转发。

据媒体报道,该男孩名叫健健,今年 8 岁,健健的父亲王先生是四川人。当日,王先生带着全家游玩。下午 1 点多,走在熙熙攘攘的人群中,健健没能跟上父亲的脚步。

与家人走失后,健健心中只有一个念头——回家。凭感觉,他一路向北。晚上 8 点多,健健在某饭店附近被路人发现。此时,离健健走失已经过去 7 个多小时,而健健在此前步行的路程长达 10 公里。没有人知道一个 8 岁的小男孩是怎么走回来的。

上述事例中的 3 个孩子均在走失后重新回到父母身边,这样的结局让我们悬着的心终于放下。在我们深为几个孩子感到庆幸的同时,更应该提高警觉,作为家长,我们如何防止孩子走失?而当孩子一旦走失,我们事先该对其进行怎样的教育?让孩子重新回到我们的身边?

1.不能让孩子离开自己的视线

当每个孩子出现在父母生命中的时候,在父母的心里,他们就已经比自己的生命还宝贵了,所以,为了孩子的安全,在我们带孩子到户外游玩的时候,坚决不让孩子离开自己的视线。

2.让孩子熟记家里的电话号码和家庭住址

一旦孩子走失,可以通过报告给好心人或者警察自己家的电话号码和住址,来寻找爸爸妈妈,所以,在平时和孩子聊天的时候,家长可时不时地说出和写出家长的姓名、家庭住址、家里电话等。家长可以通过编故事的方式让孩子记得更牢。

3.教给孩子一些求助的方法

有了问题找警察,这一点我们也要让孩子铭记在心。一旦走失,就要让孩子知道拨打110,并告知自己所在的位置和大致情况,这样便于警察协助。但是,我们要告诫孩子,尽量不要随便求助于路人,以免遇到不怀好意者而被人拐骗。

遇到拦路盘查和假警察怎么办

一些不法分子采取假冒警察等身份,专门对辨识能力不强的孩子下手,拐骗孩子财物,或者进行其他恶劣行为,为诸多家庭带来不幸。对于这些"冒牌货",家长们也深感为难,因为自己也难以辨认真假"执法人员",又怎么能让孩子知道呢?

不过,也没必要沮丧,只要我们想办法,还是可以找到策略的。

北京朝阳区某女孩和其堂弟一起到约定的观赏地点,观看当天晚上的流星雨。待流星雨划过星空之后,已经是凌晨3点了,此时两人结伴往家走。

当他们走到某工厂三厂后门时,听见身后有人喊:"站住!"两人回头看是一个手提警棍的"便衣"警察挡住了他们,并盘查他们是什么关系。

小女孩作了回答后,那人又问:"你们的证件?"两人以为是巡夜的"便衣",女孩便亮出了学生证。那人又要她堂弟的证件,堂弟说未带,那人便扣住女孩,让她堂弟去取证件。

女孩的堂弟跑回家后,跟家人说了这一情况,家人感到情况可疑,于是马上穿好衣服奔下楼。可此时马路上已没了人。家人经过四处寻找,终于在几天后离家不远的某小树林里发现了女孩的尸体。警方破案后,真相大白,原来是女孩被歹徒劫持后强奸未遂,惨遭杀害。凶手正是披着羊皮的狼——"假警察"。

为了行骗,一些犯罪分子可谓是花样百出,像我们本节内容所提到的"假警察"就是其中之一。那么,为了我们的孩子不被蒙蔽,家长又该怎么教育和引导孩子,在遇到这种情况时该怎么做呢?

1.不要慌张,看其行为,听其声音

类似上面所提到的假警察之类的歹徒,一般会以警察、联防、保安的身份出现,但他们由于没受到过正规的训练,举止不会像真正的警察那么庄重和挺拔,而是常常出现衣帽不整、不修边幅,或者站没站相,说话粗俗、蛮横等现象。显然,这样的人和办事文明、态度和蔼的公安人员相比相去甚远。

2.根据地段范围来判断真假

一般来讲,公安执法人员执勤都会有一定的地段和范围,比如,交警会在路口,民警巡逻时最少有二人。而假扮警察的歹徒则往往在偏僻的地方,比如胡同、小道上,等等,而且歹徒出现的时间也往往是晚上。如果遭遇这样的人员拦截或盘问,一定要让孩子提高警觉,拒绝盘查。

3.对付这些假警察盘查的措施

①不要配合其检查,如果是二人或多人同行,不管其说出什么理由,都不要轻易分开。

②如果遭遇对方纠缠,那么就大声呼喊,并强行挣脱,同时注意与其保持距离,找机会迅速跑开。

③在和对方周旋或者逃跑的过程中,要向过往的行人大声喊叫,向其求助。

第九章

心理导航

避免孩子的人生走弯路

　　美国一位教育家说,孩子来自天堂。的确,他们就如同天使一般降临人间,为每个家庭、整个社会带来欢乐和希望。但也正是因为他们那天使一般的纯真、善良和无邪,让他们更容易受到社会、校园和家庭中的一些不良因素的影响和侵蚀。作为陪伴孩子成长和教育孩子成人、成才的家长,我们有责任、有义务帮助我们的孩子拥有健康、健全的身心,避免他们在人生的舞台上少一些磕绊,少一些弯路。

逆境面前,教孩子如何坦然应对

现代教育有一个新名词叫"逆商",这是继智商、情商之后的另一个衡量人的标准。从中我们可以看到,逆商在一个人的成长和发展过程中的重视程度已露端倪。

然而,很多中国父母却离这一点还很遥远,他们认为,孩子是自己的掌中宝,怎么爱都不为过,怎么还忍心让孩子去承受挫折呢?于是,凡事都亲力亲为,恨不得把孩子长大成人后的一切都规划好,都为孩子去做,好让孩子活得轻松。

不可否认,这种舐犊情深的情感是人的本能的体现,但是,孩子毕竟要作为一个独立的人步入社会,假如一直受父母庇护的话,孩子又怎么能面对人生路上的风风雨雨? 正确的教育方法是让孩子能够独立应对一些成长过程中遇到的麻烦,这样他们才能在以后的人生道路上坦然面对逆境,而不至于到那时候还想着如何找父母帮忙。

在一本教育类书籍里讲过这样一件事:冬季里的一天,同上小学六年级的腾腾和笑笑相约去郊外爬山,由于山的海拔只有几百米,两个孩子很快就爬到了山顶。

在领略过山顶光秃秃的风光后,两个人开始准备下山,于是,这两个朝气蓬勃的小男孩开始时而哼唱着歌,时而聊着天一起往山下走。

然而出乎他们意料的是,在下到半山腰时,腾腾被山上滚落下来的一块石头给砸伤了,左小腿疼痛难忍,腾腾痛苦而隐忍着喊着疼。笑笑一开始以为腾腾是装模作样,还开腾腾的玩笑:"你这个腾腾,这回真的让你'疼'了。"

随后,笑笑见腾腾疼得汗珠都下来了,才知道大事不妙,可是他们又没有手机，无法和外界取得联系。而且现在是冬季，周围除了他们，根本没有爬山的人。一时间，笑笑手足无措，而疼得龇牙咧嘴的腾腾却说："我能爬下山！我们继续走！"

笑笑本想背着腾腾，可是腾腾人高马大，笑笑瘦弱矮小，只能勉强搀扶着腾腾。可是没走多远，笑笑就坚持不了了，他急得坐在地上直掉眼泪，而腾腾却安慰他说："相信自己，我们能下山的。"说完，只见腾腾尝试着用手支撑着身体，向山下爬去。

让几乎所有人都难以想象的是，腾腾拖着受伤严重的左腿，居然爬回了家里。事后检查时，医生都夸赞他有着顽强的毅力，医生还说，如果在山上下不来，可能会因为失血过多而有生命危险。

如果你是腾腾的父母，想必一定会为有这样的孩子而骄傲和自豪。一个受了重伤的十多岁的孩子居然能在逆境面前如此顽强，实在令人佩服！

可看看生活中更多的孩子是什么样子呢？他们饭来张口，衣来伸手，遇到点儿困难就害怕、就退缩，就寻求大人的帮助，而不懂得坚持、不懂得奋斗，不懂得靠自己的力量去战胜困难。两相比较，哪一类孩子更能够在遭遇困境时顺利跨越，你的心里或许已经有答案了吧？

1.对孩子适度严格要求

孩子是父母的心头肉，特别是现代家庭多是一个孩子，所以父母疼爱孩子的心情是可以理解的，但这并不表示可以任由孩子为所欲为，不去严加管教。所谓"打是亲骂是爱"，这句用在打情骂俏中的俗语同样适用于教育孩子。当然，我们所说的"打"和"骂"并非是指棍棒教育，而是建立在爱的基础上对孩子行为的严格要求和适当的责罚。

2.鼓励孩子逆境面前不退缩

尽管培养孩子的逆商很有必要，但是这也不是一蹴而就的事，家长们应该拥有耐心。一般来说，孩子身处逆境时就会产生消极情绪，对继续挑战下去没有信心，一心想着"撤退"。这时候，如果父母引导得当，鼓励孩子勇于面对困境，那么孩子很可能会重新振作起来，迎接挑战。比如，当孩子爬山怕高、怕摔倒时,父母就鼓励他:"别怕,你能行,摔一跤算什么?你会战胜山顶的";当孩子害怕走平衡木、游泳时,父母告诉孩子:"你可以的,战胜它,你就是最强大的"……

让孩子远离悲观,因为乐观才是成功的要诀

与人相处,我们都喜欢那些快乐积极的人,回过头看我们自身,当我们表现出快乐的情绪时,就会吸引更多的朋友,相反,如果我们总是情绪低落,那么别人也会远离我们。

其实不光人际关系,一个人对于一件事、一种状态乃至整个生命持什么态度,将决定其能否快乐、幸福以及能否成才、成功。

为此,家长们有必要重视孩子乐观性格的培养。要知道,只有乐观,才能让孩子对未来充满信心和希望,同时不断进取。正如某思维心理学专家曾说过的:"乐观是成功的一大要诀。"因为与乐观相对的是悲观,悲观常会让人在无意识中丧失斗志、不思进取,进而无法获得优秀的人生。

作为家长,恐怕没有人喜欢自己的孩子成为一个悲观者,既然如此,那我们该做什么样的努力呢?

美国曾有这样一对兄弟,一个性格十分乐观,另一个却非常悲观。为了能让孩子们的性格稍微"平衡"一点儿,孩子们的父母想出来这样一个办法:将乐观的孩子锁进堆满马粪的屋子,将悲观的孩子锁进漂亮的放满玩具的屋子。

过了一会儿之后,父母想看看孩子们是什么情况,于是分别走进了两个孩子所待的地方。当父母走进悲观孩子的屋子时,发现他正坐在角落里,一把鼻涕一把泪地沮丧着。原来,他不小心弄坏了玩具,担心父母的责备,因此便不再玩耍,在哭泣中等待父母的到来。

然而,令父母更为吃惊的是,当他们走入锁着乐观孩子的屋子时,却发现孩子正兴奋地用小铲子挖着马粪,将散乱的马粪铲得干干净净,看到父母来了,他高兴地说:"爸爸,这里有这么多马粪,附近一定有一匹漂亮的小马,所以我要为它清理出一块干净的地方来!"

随后的日子里,这个乐观的孩子慢慢长大,后来成为了美国总统,他就是里根。

从上面这个事例中可以看出,乐观的性格为里根带来的不仅仅是快乐和奋进的力量,还有不可抵挡的成功之势。

如果说乐观是一个人取得成功的催化剂,那么悲观是一个人遭遇失败的孵化器,因此,作为家长,我们要想让孩子成才、成功,培养其乐观的精神是非常重要的。一旦我们的孩子具备了乐观的心态,那么不管什么情况下,他都会告诉自己,明天会比今天更好,未来也会比现在更美好。当孩子有了这样的想法,那么他就会为此不断地去努力,即使遭遇挫折,也会想办法扭转局面,战胜困难。

那么,家长该如何来培养孩子乐观的个性品质呢?

1.引导孩子摆脱困境

孩子在成长过程中都难免遇到不称心的事情,这就需要家长多留意孩子的情绪变化。如果孩子能够自己解脱,则不用担心,假如孩子始终闷闷不乐,无论自己有多忙,家长都应该抽出时间来和他交谈,教给他学会忍耐和坚强面对,并鼓励他凡事向好的方面努力,尽量不要受到消极思想的影响。

2.别对孩子"抑制"太多

有些孩子之所以不快乐,主要是由于家长对他限制太多,让他感觉自己没有自由。在一些独生子女家庭,家长往往会对孩子的行为和举动十分小心,甚至替孩子包办一些事情,使之无法亲自体验做事的乐趣,同时也丧失了快乐的源泉,所以说,在一些事情上,家长不妨适当放手,给孩子一个自由活动的空间,让孩子自己去选择和处理自己力所能及的事情。

3.做乐观积极的父母,为孩子树立榜样

如果留意一下,我们会发现,那些乐观的家长,其孩子往往也活泼开朗,遇到问题往好处想,而那些总是一脸郁闷的家长,其孩子也多是沉默寡言、喜欢生气,遇到事情总是畏缩不前,因此,要想让孩子乐观,那么家长首先得树立榜样的力量,做乐观积极的父母。

孩子自闭,大人不可小觑

冯女士最近很发愁,因为每次送儿子硕硕去上幼儿园,他都要使劲儿地哭。一次,老师对冯女士说,硕硕从不与同伴一起玩,上课时也从来不像其他孩子那样争着举手发言,老师主动把他叫起来发言,他总是默默站起来,一句话不说,小朋友们在一起开心做游戏时,他总缩在旁边不出声,一副闷闷不乐的样子……

其实不只是硕硕,现在很大一部分孩子都存在孤僻离群、不爱与人交往的问题。在医学上,称这种症状叫做自闭症。孩子之所以自闭,其中的原因一方面可能是先天因素,另一方面就是后天培养不适当所致。如果是前者,即孩子患的是医学上的自闭症,那就需要父母到专业的机构咨询,用科学的方法帮助孩子摆脱自闭,但是如果孩子的自闭是在后天的环境中形成的,那么父母就要加强和孩子的交流,在日常生活中有意识地培养孩子的自信心,来帮助孩子早日摆脱自闭的封锁。

一家母婴杂志就儿童自闭症问题做过一期专题,其中有一个这样的事例:

洋洋的妈妈一直很忙,在儿子洋洋两三岁的时候就把他放在了姥姥家。去年,洋洋该上小学了,妈妈才把他接到身边。可是这时候,妈妈发现洋洋不怎么爱和人交流,不像其他同龄孩子小嘴巴呱唧呱唧地说个不停。即使逗他玩,他也没什么回应,而且自己也不愿意主动做一些事。

见此情景,妈妈觉得问题重大,于是就带洋洋去看了心理医生。经过诊断,医生给出的结论是孤独症。

原来,洋洋的姥姥独处惯了,平时极少和周围的人有所往来,上了年纪就更懒得出门,于是洋洋就天天被关在家里。另外,由于洋洋的父母对孩子也照顾不够,洋洋觉得自己被大人忽略了,因此不爱说话,也不敢大胆地做一些事。

听了医生的话,洋洋的妈妈感到愧疚极了。从那以后,她推掉了一部分工作内容,腾出时间来多陪伴儿子,并试着带孩子去参加一些有趣的活动。果然,没过几个月,洋洋有了一定的变化,不再像以前那么沉默寡言了。看到自己的努力有了点儿成果,洋洋妈妈很是欣慰,她决定要一直努力下去,让孩子远离自闭。

洋洋虽然有了自闭症倾向,但是好在他的妈妈及时发现并采取了正确的教育措施,这样,洋洋告别孤独症就大有希望了。我们相信,只要父母能及时发现并采用正确的方法,那么孩子一定会慢慢走出自闭,成为一个独立、自信的孩子。

1.家长要尽可能多陪伴孩子,让孩子感受到足够的爱

生活中,很多家长仅仅承担了生育的任务,然后就把孩子交给老人看管,自己忙工作去了。殊不知,这样很容易让孩子因为体会不到父母的爱而产生自卑、哀伤的情绪。上面事例中的洋洋幸亏妈妈帮他做出改变,否则洋洋的自闭倾向可能会越来越严重,到那时候再恢复恐怕就会有很高的难度。

所以,家长要善于观察孩子,及时发现孩子的自闭倾向,然后采取正确的方法,尽快把孩子拉回活泼开朗的状态中来。

2.鼓励孩子走出去,从社交活动里练就自信心

自闭症儿童大都有一个共同的状况,那就是不和外面的人接触。起初可能是家长不为孩子创造与外界接触的机会,而发展到后来,就是孩子本身不喜欢与人接触了。

事实上，通过接触外面的人和环境，孩子会学会和他人联络感情、增长见识、提高应变能力和活动能力等，这些对孩子的身心健康是大有裨益的，所以，家长不要一味地限制孩子的自由，而应多为孩子创造和外界接触的机会。

3.允许孩子宣泄不良情绪

家长们无不喜欢自己的孩子懂事乖巧，最好不要"你说东，他非去西"。可是我们要知道，孩子也是一个人，也会有好的和不好的情绪，特别是自闭的孩子，由于他们常常对自己不够自信，总觉得自己做得不够好，但由于缺乏生活经验，不知道怎样来表达自己内心的情绪。

因此，家长有必要担负其帮助孩子准确表达自己情绪的任务，让孩子在一定范围内合理地宣泄自己的情绪。比较简单可行的办法是，让孩子将内心的坏情绪写下来，或者大声喊出来；或者家长鼓励孩子用兴趣爱好把坏情绪转移过去。

4.为孩子创建欢愉的家庭氛围

在欢愉的环境中成长的孩子，其性格也多是愉悦、积极的，而在充满着冷酷、缺乏人情味的环境中长大的孩子，就很可能是自私、冷漠的，这就是我们常说的环境造就人。

可以说，环境对于一个人的情绪、心理及身体状况都有着至关重要的影响，特别是对正在成长中的小孩子来讲，他所处的生活环境对性格的形成和发展更是意义非凡。如果展现在他面前的是父母亲密和谐、互敬互爱，那么孩子就会感受到温馨和愉悦，心情也会开朗。

因此，为了孩子的健康成长，家长要为孩子创建和谐、欢愉的家庭氛围，而绝不让家里成为硝烟弥漫的"战场"。

引导孩子摆脱自卑的束缚

"我的孩子从来不敢在公众场合表现自己,就算推他上去,他也不敢去"、"我家儿子学习成绩很不错,就是因为说话有点儿磕巴,他就总认为自己低人一等,常说'我这个残废',真愁人!"……

生活中,很多家长都有类似的困惑,他们觉得自己的孩子总是不能自信地展现自己。当面对这种情况,有的家长会比较着急,甚至恶狠狠地对孩子说"你真没出息"、"看看别的孩子多好"之类的话,殊不知,说这种话只能让孩子觉得更难受和自卑。

如果一个孩子总是被自卑的阴影所笼罩,那么他的身心发展及社交能力都会受到严重的束缚,本身潜在的聪明才智也没有了发挥的机会,因此,家长要用恰当的方式方法引导孩子摆脱自卑的束缚,让孩子具备一股自信的热情。

依依是个胆小、内向的小姑娘,从小就不太爱与人接触。依依的爸爸发现了这个问题,他觉得可能女儿天性中就有内向、胆小的成分,但是,他并没有因此而放弃对依依自信心的培养,相反,他认为,越是这样的孩子,越应该多培养其自信心。

举个例子,在依依6岁的时候,爸爸提议说:"依依,你喜欢轮滑吗?学习一下怎么样?"依依回答说:"我……我喜欢轮滑……但是……我怕……"

爸爸知道依依是因为担心自己摔跤而不敢,于是他鼓励依依说:"爸爸觉得你身体协调能力很强,而且身体素质也比较好,学习起轮滑来应该不会太困难。你看,那些哥哥姐姐滑得多漂亮,爸爸相信你以后会和他们一样的!"

在爸爸的鼓励下,依依轻轻地点了点头,开始小心翼翼地学起滑轮来。

爸爸一边扶着她一边耐心教导着她、鼓励着她,慢慢地依依就觉得没有那么难了。

学了几次,等依依走得顺了,爸爸又说:"你看你走得多好啊,也没觉得很滑吧?松开爸爸的手试一下怎么样?依依会做得很棒的。"

就这样,在爸爸的帮助下,依依很快学会了轮滑。

应该说,依依虽然性格内向、自卑,但是幸运的是,她有一个善于培养孩子自信心的好爸爸。正是在爸爸的引导和带领下,依依逐渐告别了自卑。

不可否认,在大多数孩子的成长过程中,心里都会产生许许多多个"我不能",这种自卑的不良心理习惯会成为阻碍和禁锢孩子成长与发展的绊脚石。

那么,作为家长应如何帮助孩子克服自卑、坚定自信呢?

1.让孩子学会正确评价自己

有的孩子明明有很多优点,可他们却总是看到自己不足的地方,并且会无限放大,从而觉得自己处处不如人。对于这样的孩子,家长需要引导他对自己进行积极、正确、客观的评价,并且认识到任何人都具有自己的长处,也都会有短处或不足,要相信并发扬自己的长处、弥补自己的短处。

2.适当降低要求,再鼓励孩子去尝试

有的家长望子成龙心切,恨不得孩子样样都比别人强,学什么都一级棒。殊不知,这种对孩子要求过高的心理往往会使孩子随时都处于被指责的境地。长此以往,在孩子的潜意识中,就会为自己做出否定:我做不好、我不够勇敢、我不够聪明、我记忆力太差……

如果你不希望自己的孩子落得这样的结局,那么就请在鼓励孩子大胆尝试的同时适当降低你的要求吧。

3.创造机会,让孩子强化自我肯定

孩子的心理是脆弱的,自卑的孩子就更是如此,因而需要外界不断地强化才能保证其自信心。比如,家长可以和孩子一起为他记一本"功劳簿",让他每周至少写一次自己的"功劳"。这种功劳不一定是很大的成绩,任何的进步和努力都可以登上"功劳簿"。另外,家长也可为孩子准备一些小小的奖品,每当孩子做出了一点儿成绩或一件令他感到自豪的事,他就有资格获奖。

久而久之,孩子就会慢慢地积累起自信,从而将自卑远远地甩在身后。

帮孩子克服胆怯心理

郭女士的女儿桃桃是个聪明漂亮的小姑娘,可是桃桃总是很胆小,在陌生环境里从不敢说话,即使有客人来自己家,桃桃也总是能躲就躲。女儿如此胆怯,郭女士很犯愁,真不知道桃桃将来怎么能够独自面对复杂的社会。

注意一下我们生活的周围,不难发现,现在很多孩子存在着胆小、怯懦等现象,他们害怕和陌生人说话、害怕去陌生的环境。那么,是什么原因造成这一现象的呢?

据心理学家的解释是,主要是因为现在的孩子大多没经历过什么风吹雨打,过惯了养尊处优的生活。在这种安逸的享受中,孩子习惯了父母的呵护,失去了冒险、探索等本该具有的性格和行为习惯。

这不能不令父母们反思,看看我们对孩子的教育,在智力投资上不惜成本,只要有利于孩子智力发育的,我们可以大把地花钱,可是却很少有家长在培养孩子勇敢的精神品质上下工夫。

如果家长忽略了对孩子的勇敢精神和刚强意志的培养,那么孩子就会变得胆怯、怕生,遇到事情畏首畏尾,更不敢有任何冒险和探险行为。而实际上,在孩子未来的人生旅途中,也许他们缺乏的并不是聪明,而是勇敢。

严瑞是个7岁的女孩,她特别胆小。有一次,妈妈带她到小区的广场上玩,邻居家5岁多的小男孩兵兵从旁边突然跑了过来,他盯着严瑞手里的小皮球看,显出非常好奇的样子。严瑞不自觉地把球往身后藏,然后壮着胆喊:

"你不许抢我的小皮球!"兵兵好像看出了严瑞的害怕,冲上来就抢,严瑞吓得号啕大哭。

妈妈连忙说:"兵兵,你怎么可以抢东西呢?"又对严瑞说,"小弟弟比你还小呢,你为什么怕他?来,和小弟弟握握手,大家做个好朋友。"兵兵做个鬼脸,跑了。

但是从那以后,兵兵只要看到严瑞经过,就会跑过来打她一下,或者把严瑞手里的东西抢走,而严瑞一看到兵兵总会不由自主地躲得远远的。

还有一次,严瑞正在楼下自己家的车库里玩,看到兵兵朝这个方向走来,就马上对爸爸说:"爸爸,快把车库的门关上,那个小哥哥要打我。"

严瑞竟然将比她小的孩子升级为"哥哥"了。

爸爸顿觉问题很严重,他想必须得帮女儿克服胆怯的心理,否则将来孩子会吃亏的。

晚上,爸爸认真地问自己的宝贝女儿:"那个小弟弟比你小,怎么会是小哥哥呢?你能告诉爸爸你为什么这样怕他吗?"

"因为他总抢我东西,还打我。"严瑞有点儿委屈地说。"如果你按爸爸说的去做,小弟弟就不敢欺负你了。下次他再抢你的东西,你就大声地对他说'不许欺负我',然后再把东西抢回来!"

之后的一天,严瑞跟爸爸出门,远远地看到兵兵走过来,爸爸就对严瑞使了个眼色,躲到一边去了。兵兵过来了,看到严瑞手里的芭比娃娃便伸手过来抢。

这一次,严瑞鼓起勇气,大声说:"你不许抢我的东西!"然后用力把芭比娃娃夺了回来。

像事例中严瑞这样胆怯的孩子并不少见,很多家长为此非常苦恼,他们担心自己的孩子受人欺负,担心自己的孩子将来无法融入周围的环境,可是却苦于找不到方法。

其实,在一些发达国家,家长却会给孩子一定的探险自由,以此来培养孩子勇敢、自信的品格。这种放手让孩子磨炼的做法,着实值得我们借鉴。

1.发掘孩子的内在潜力,帮他赶走胆怯的阴霾

一个性格再胆怯、害羞的孩子,也有一些别人所不具备的潜力,家长们千万不要"以偏赅全",以此来全盘否定孩子。实际上,性格胆怯的孩子只是比那些性格外向开朗的孩子需要父母更多的帮助,所以,要克服孩子胆小、怯懦的心理,家长得学会不断地发掘孩子的内在潜力。只要父母善于发掘,就会为孩子克服胆怯找到一个突破口,从而帮他们走出胆怯的阴霾。

2.让孩子拥有一技之长

一般情况下,一个有一技之长的孩子更容易引起别人的关注。比如,一个会弹钢琴的孩子,偶尔的一次表现,会让众多不会弹琴的孩子产生羡慕之情,这样,孩子就会因为自己有别人没有的特长而感到骄傲和自信。

所以,家长们可根据孩子的性格爱好和气质类型帮孩子根据自己的喜好选择一技之长,并好好地学习,例如书法、绘画、下棋、演奏等。一有机会,就让孩子在众人面前展现自己的特长,这样,孩子的胆量就会越练越大,自信心也就越来越强,离害羞、胆怯也就越来越远了。

3.鼓励孩子可以帮他消除紧张感

孩子越胆怯,就越害怕受到周围人的忽视或者歧视,每当这时,他们就会非常自卑,而越是自卑就越不敢大声说话,以至于造成恶性循环。

假如你碰巧是这样的孩子的家长,那么当孩子遇到上述情况时,你可以告诉他:"没关系,有爸爸妈妈帮助你,你会好起来的。"当孩子感受到来自父母的关爱和信任,胆怯心理就会有所缓解,因此,我们建议家长们多鼓励孩子,多给孩子关爱和支持,那么孩子就会渐渐地消除紧张感,从而变得勇敢起来。

家有"偏执娃",父母怎么办

做父母的都希望自己的孩子模样俊俏、性格活泼、聪明伶俐……总之可以把所有美好的形容词都堆砌出来,都不嫌多。

可是,上天难遂人愿,总会有这样或者那样的缺憾。如果说所有的缺憾中,模样好赖和身材胖瘦都在其次,在家长们看来最重要的,一是孩子要有个好身体,二是要有个好性格。

关于好身体,现代家庭生活都不错,如果不是先天不足或者后天失误等原因,那么孩子实现身体健康这一点还是比较容易的,而好性格的培养似乎难度就更大了点。

其中,有一部分性格偏执的孩子让父母大为头痛,每当看到自己的孩子总是眉头紧锁、闷闷不乐,父母们也跟着心思沉重、焦虑重重。

难道性格偏执的孩子就没救了吗?答案是否定的。心理学家表示,只要家长能给孩子正确的引导,那么极有可能缓解孩子的偏执心理。

幽幽是个聪明漂亮的小姑娘,但她有个毛病,就是容忍不了别人比自己强。比如,她们班上有个叫诺诺的女孩,有一段时间,老师们常夸诺诺表现得不错,幽幽就受不了了,回到家后,常和妈妈说:"世界上我最讨厌的就是诺诺了,她有什么好的?"在学校里,幽幽也故意和诺诺作对,拉拢别的孩子不和诺诺玩。

还有一个叫蒙蒙的男孩,性格也很偏执。蒙蒙非常固执,他总觉得自己了不起,别人都不如自己。如果别人说出他哪儿哪儿不对,他就会大发脾气。比如,蒙蒙考试成绩不理想,他就埋怨同桌,说是因为同桌感冒总抽鼻子影响他的情绪,或者说同桌头一天没洗澡,身上有味道熏到他了。总之,他就是个"常有理先生"。

和上面的幽幽、蒙蒙有些类似，阔阔也是一个性格偏执的孩子。他坚持要做的事，即使九头牛也拉不回来。比如，2011 年"十一"期间，阔阔非要去北戴河游泳，妈妈提醒他说海里的水太凉了，游泳会感冒的，可是阔阔不听，结果自然是得了一场重感冒。

看看这些性格偏执的孩子，真替他们的父母感到头痛。当然，类似的问题在年幼的孩子身上往往都会有所体现，但是偶尔一两次是无可厚非的，如果时常如此，那么只能说这个孩子是个"偏执娃"了。

在此，我们向家长朋友介绍一下性格偏执所包含的特征：根据《中国精神疾病分类方案与诊断标准》的定义，有广泛猜疑、过分警惕和自卫、极度感觉过敏、易产生病态忌妒、过分自负、没有宽容心、过高要求别人、思想行为固执死板、看问题片面主观、喜欢感情用事等行为特征的孩子属于性格偏执。

无疑，如果家有偏执的孩子，那么最头痛的应该就是家长了。为此，家长应该掌握一些方法并应用于孩子身上，以期缓解孩子的偏执心理，还给自己一个有着良好性格的孩子。

1.让孩子懂得包容、信任和尊重他人

那些有着偏执性格的孩子往往心胸比较狭隘，他们敏感多疑，不容易信任和包容他人。有时候，别人明明是好心好意，他们却往歪处想，认为对方这样做是利用他们。还有的孩子容不得别人哪怕一丁点的过错，一旦"犯"到他们，就对人家恶语相向，毫不原谅。

这样的孩子显然是不受欢迎的，因此，家长应让孩子知道，要学会正确地认知自己，摆正自己的位置，不能狂妄自大，不能苛刻待人。我们应该告诉孩子，要想得到他人的尊重，自己得首先尊重别人，当别人犯了错误，要尽可能帮助其改正，即使不做这样的努力，也尽量不要去责怪，那样会在彼此之间竖起一座相互交流和友好往来的高墙。

2.告诉孩子要勇于承认错误

虽说我们要培养有主见、有思想的孩子，但是我们也不希望自己的孩子

一条道走到黑，所以，家长们在塑造一个有思想、有主见的孩子的同时，还得注意引导孩子学会倾听他人的意见，如果别人是对的，那么就该采纳，如果别人说得不在理，再坚持自己的，但是千万不要为了维护所谓的面子和尊严而固执己见，明明自己不对还硬说是对的，这样做是很容易让自己钻到死胡同里出不来的。

我们应让孩子知道，犯错误并不可怕，可怕的是不敢承认错误。

3.让孩子多对着镜子笑一笑

心理学家说，微笑是最美的表情。那些性格偏执的孩子往往最缺乏的就是微笑，他们总是嘟着嘴，满脸的不高兴，哪儿还会微笑呢？

那么，为了缓解孩子的偏执心理，家长可以适当让孩子多笑一笑，比如，每天早中晚3次都让孩子对着镜子笑一笑，通过这样的方式，将有助于孩子消除心理障碍，对自己充满信心，也让他人感到如沐春风。

怎样做才能让孩子和任性"拜拜"

"我的女儿太任性了，凡是她要求你做的，你必须得完成，否则就哭闹不止"、"我家那个小祖宗任性得很，你不答应的一些事，他居然会用不吃饭来要挟你去做到"……

可以说，任性是在现代家庭中独生子女身上经常出现的情况，这是孩子的一种不正常的心理状态，也是孩子要挟家长、满足自己某种需要的手段，它常常给家长带来苦恼。

面对孩子的任性，家长多是表示无奈、发愁，其中有很大一部分家长为了尽快结束这种"对峙"，干脆妥协退让，满足孩子的要求；也有的家长会用难听的话来训斥孩子，骂孩子个体无完肤。但遗憾的是，这两种做法其结果常常对孩子的任性没有丝毫改观，反而变本加厉。

这是因为，那些向孩子妥协的家长很容易助长孩子的固执、好强等不良性格；而那些责骂甚至用棍棒教育的家长，则很容易让孩子更加叛逆、更加任性。

事实上，任性不是天生的，孩子的任性主要来自于家庭教育失败。家长既是孩子任性的制造者，也是任性后果的承受者。既然如此，家长就很有必要采取正确的方法来引导和教育孩子，让孩子和任性说"拜拜"。

2010 年 8 月，某母婴杂志上就解决孩子的任性问题，曾刊载过一期专题。其中，有一篇文章是这样写的：

7 岁的昭昭闹着让妈妈带他去海洋馆玩，可是妈妈早已经安排了别的事情，去不成，于是妈妈对昭昭说："妈妈今天有事，改天再带你去，好吗？"

昭昭一脸的不高兴，嘟着嘴走开了，但昭昭走开没几分钟，就又来到妈妈身边，缠着妈妈带他去海洋馆："妈妈，带我去吧，我就是想去看海豚表演。"

妈妈安抚道："今天妈妈有比较重要的事，真的不能带你去，等妈妈一有时间，就会带你去的，不信拉勾勾！"

昭昭并不买妈妈的账，依然不依不饶地闹着："我就是要去，我一定要去，不去不行！"

见儿子闹得越来越凶，妈妈觉得苗头不对，看来非要大闹一场不可了，类似的情况以前也发生过。

于是，妈妈不再理睬昭昭，而是径直走进卧室，把门锁上。昭昭一看这阵势，知道妈妈要惩罚自己了，于是大哭起来。可任凭他怎么哭闹，妈妈就是不开门、不理他。

大概过了一刻钟的工夫，妈妈听着外面没动静了，就悄悄地打开房门走出去，结果看见昭昭正在自己的房间里画画呢。见到妈妈后，昭昭抬起头看了一眼，妈妈对他赞许地微笑了一下，然后走开了。

上述事例中昭昭任性的表现，在众多家长看来或许都不陌生，因为我们自己就很可能是类似事情的亲历者。而昭昭的妈妈采取冷处理的方式，纠正了儿子任性的行为，这一点很值得家长们借鉴和学习。

其实,造成孩子任性的原因并不复杂,其中大多数无非是父母的过分溺爱与妥协而导致。当孩子要起性子时,家长们多处于两难的境地,如果答应孩子的要求,孩子的要求明明是不合理的,可如果不答应,这又哭又闹的何时才算完呢?真让人心疼得受不了。心软的家长往往在孩子的哭闹、要挟下败下阵来,不得不放弃了自己的"教育原则"。

殊不知,导致孩子认定其不达目的不罢休的"信念"的正是家长的妥协退让。这样一来,孩子就会变得越来越难以说服。那么,如果不想让孩子任性,父母们还需要掌握一定的方法,并付诸孩子身上,帮助孩子告别任性。

1.不予理睬,马上撤退

或许很多家长都有这样的感受,孩子越是任性,自己越是关注他,而你越是关注他,他就越任性。其实,这是孩子在和家长玩"游戏"呢,他在通过家长的关注来感知自己可以触碰的"底线",总试图一点点地接近"底线"、一点点地向"目标"靠近。

所以,当孩子用不合理的方式来提要求或者闹情绪的时候,家长可以不予理睬,及时撤退。

2.绝不轻易向孩子妥协

很多时候,面对孩子的任性行为,家长觉得由不得自己,因为在家里还好解决,如果外出,特别是有亲戚朋友们在场,家长们往往顾及脸面而向孩子的任性行为妥协。

实际上,这样做只会让孩子无法无天,所以,作为家长,不管在什么情况下,都不要轻易向孩子妥协,这样孩子才会知道父母的"厉害"——不会轻易纵容自己,于是孩子也就乖乖地放弃自己的要求了。

3.家长有令必行,孩子就会更听话

不少家长虽然抱着一颗"治理"孩子的心,但却没有让自己行动的"腿"。这种嘴勤屁股懒的做法,往往导致孩子产生这样的认识:爸爸妈妈说的话可听可不听,因为不听也不会有什么后果。由此看来,要想让孩子听话,父母必须得做个有令必行的家长。

孩子也有不满,该如何宣泄情绪呢

俗话说得好:"人有七情六欲。"其中,有喜有忧,有爱有憎。好的情绪自不必说,那些坏的情绪一旦到来,就会让我们感到脾气暴躁,看什么都不顺眼。其实孩子也是如此,这或许和很多家长认为的孩子不会有如此分明的情绪体验很不相符。我们不妨回顾一下曾经发生在自己和自己孩子身上的经历:平时乖巧的孩子,总会隔段时间就冒出点"不着边际"的话,还伴随着容易爆发的"火药桶",让大人无所适从;或者是某一天,曾经性格温顺的女儿和自己横眉冷对,大吵大闹;也或者一向温柔恬静的女儿突然在某一天把自己关到房间里,还在门口写上"闲人免进"……

其实,这些正是孩子产生了不良情绪并试图来宣泄的一种方式。如果某一天你遇到了这样的情景,请不要大惊小怪,更不要以"恶"制"恶",这时候需要你做的是平静情绪,忍耐一下,给孩子一次尽情发泄情绪的机会。

9岁的轩轩从小就是个"小火药桶",渐渐长大了,还是每隔几天就要像火山爆发一样大发脾气。每当火气上来的时候,轩轩要么使劲儿摔自己的玩具,要么撕扯自己的衣服,甚至有时候连小朋友的东西都要摔,样子十分吓人。轩轩就像一只长了尖刺的小刺猬,动不动就把"刺"竖起来,让周围的小伙伴们吓得躲得他远远的。

其实,当情绪宣泄过后,轩轩平静下来的时候也会认识到自己那样做太过头了,并多次在家长和同学们面前表示希望能改变,可是每次他都忍不住,用同学们的话说就是"光说不做"。就这样,轩轩的朋友越来越少,谁也不跟他玩了。

见儿子没有玩伴,而且脾气如此之坏,轩轩的妈妈看在眼里,急在心上,因为做服装生意而忙得不可开交的她,这时候才意识到自己得好好教育一下儿子了，于是她赶紧买了些育儿书籍恶补教子知识。针对轩轩表现出来的情况，轩轩妈还真学到了一招，并且现学现卖了一把。

一天，妈妈给了轩轩一袋钉子，告诉他每当自己发脾气的时候就钉一颗钉子在后院的围篱上。

前5天里，轩轩就钉下了26颗钉子，第二个5天里，轩轩钉下了23颗，慢慢地，每天钉钉子的数量减少了，他发现控制自己的脾气要比钉下那些钉子容易些，直到有一天轩轩再也不会失去理智乱发脾气了。

妈妈看到这个结果后，又告诉轩轩，从现在开始，每当他能控制自己的脾气的时候，就拔出一颗钉子。时间一天天地过去了，最后轩轩告诉妈妈，他把所有的钉子都拔出来了。

妈妈拉着轩轩的手来到后院，指着篱笆上的钉子印痕对儿子说："轩轩，你做得很好。但你要知道的是在许多时候乱发脾气，就像这些钉子一样会留下疤痕。同你拿刀捅别人一刀一样，不管你说了多少次对不起，那个伤口将永远存在，这伤痛是令人无法接受的。"

听完妈妈的话，轩轩一下就明白了妈妈的苦心，从此以后，他努力控制好自己的情绪，再也不敢乱发脾气了。轩轩的好朋友也越来越多，成为伙伴们中间最受欢迎的孩子之一。

看得出，轩轩的妈妈为了帮助儿子合理释放情绪，可谓用心良苦。可是，我们也不得不说，或许从早一些开始采取措施，轩轩的问题也就不至于发展到后来那么严重了。

不可否认，每个人都是有情绪的，这是人之常情。作为家长，最应该做的不是要堵住孩子的坏脾气，而是应该让他意识到自己发脾气的后果，然后找个合适的出口来发泄自己的情绪。

因此，为了孩子的健康成长，家长们一定要用一双敏锐的眼睛随时洞察孩子的情绪变化，当发现他们情绪低落或反常时，引导他们找出更合理的宣泄方式。

1.抽时间多陪陪孩子,听听孩子内心的"声音"

很多家长已经懂得陪伴孩子以及和孩子沟通的重要性,但是其中有些家长误以为沟通就是自己多"说",孩子多听,其实并非如此。沟通是双向的过程,我们要想和孩子取得良好的沟通,不光要懂得如何对孩子说,还要懂得如何听孩子说,因为倾听是对付不良情绪最好的办法,它就像一把开启心灵的大门,能够为你的孩子营造一个健康的心理环境,促进其身心的良好发展,让他们在不知不觉中化解心中的烦恼。

2.多带领孩子参加运动

家长可在平时多鼓励孩子或者亲自带着孩子多参加一些活动。比如,周末的时候,可以带孩子到野外郊游,如果他最近情绪压抑,可以让他到空旷的地方大声呼喊,或者参加一些体育运动,让孩子的情绪在大汗淋漓中获得充分的释放。

3.鼓励孩子多和伙伴们进行交流

孩子们的心灵,家长看来"神秘莫测",但在与其同龄的伙伴们看来则觉得"很正常"。这也就是说,很多家长无法理解的语言和想法,孩子的伙伴却能够很好地理解,因此,家长可以利用这一点帮助孩子宣泄自己心中的不满。比如,家长可以邀请孩子的同学来家里开个聚会,或允许孩子时常给自己要好的朋友打个电话,说说最近的心事。这样一来,孩子内心的想法就有了"出口",情绪也就得到了恰当的宣泄,那么他的心也就会更放松、更快乐。

别和孩子较劲,善待他们的"叛逆"

随着孩子一天天地成长,他们会逐渐地在身体、心理上呈现一定的变化,令家长难以适应,觉得孩子在不停地触犯自己的威严。其实,这时家长需要改变一下自己的教育方式了,如果还是维持孩子幼年时的那种教育方式,肯定行不通。聪明的家长都会及时地调整自己的教育方式,看看自己是不是给孩子压力过大?自己的唠叨是不是过多?是不是没有尊重孩子的想法?一旦发现了某些地方存在疏漏,那么家长就要及时弥补,这样才能及时解决问题。

总的说来,家长们还是要用一些思想和智慧来对待孩子的逆反心理。当我们学会善待这种心理的时候,我们的孩子才更容易乖巧听话起来。

刘虞丹原本是个很听父母话的孩子,学习成绩也很优异,她的爸爸妈妈一直为有这样一个女儿而骄傲,所以一直以来对她也十分放心。

但是,就在今年刘虞丹升入小学六年级之后,情况悄悄发生了变化。爸爸妈妈发觉,以前很乖的女儿现在十分情绪化,动不动就发一些莫名火,有时候爸爸妈妈多说两句,她就会表现出满脸的不耐烦:"好啦,不用说啦,我知道该怎么做!"

爸爸妈妈以前可没见女儿这样过,所以当现在面对时常和自己顶嘴而且压根儿不听自己话的女儿,他们深感错愕。为此,他们还打电话和孩子的老师沟通,从老师那里得到的反映和他们自己的感受如出一辙。原来刘虞丹现在在学校也不再像以前那样虚心地接受批评,而每当面对批评,她都是一脸的不服气,有时候甚至还狡辩、和老师发生争执。老师还以为家里发生了什么事,正准备找机会进行一次家访呢!

事例中刘虞丹的情况,或许一些家长也感受过,这样的行为的确是叛逆心理的表现。不用问,不管哪位家长摊上这样的孩子也都会苦恼、不知所措。

由于叛逆心理作怪,孩子们不接受家长或者老师的批评、受不了一点点的挫折和压力,他们喜欢由着自己的性子做事情,根本不会考虑别人的想法,只要是不合自己心意的事情,他们就会反抗。

于是,家长们开始担心,如果孩子一直这样下去可怎么办?

其实,只要家长注意一些问题的处理,别和孩子去较劲,善待他们的"叛逆",问题还是不难解决的。

1.不要责骂孩子,而是温和地讲道理

当家长觉察到孩子常会提出一些不合理的要求或者做出某些不合理的

行为时,先不要责骂孩子,而应该温和地和孩子讲一讲道理,或者给他说一个相关的小故事。这样,孩子就会从道理或者小故事中受到启发,意识到自己的想法和做法是不恰当的,进而对自己的行为予以纠正和改变。

假如家长不管三七二十一,就对孩子进行粗暴的批评和责骂,那么必然会伤害他的自尊心,有时候也会激起孩子故意反叛的心理,因此,我们建议家长们采取以柔克刚的教育方式,这样不仅有利于孩子认识自己的错误并且积极改正,还能缓解父母和孩子之间的关系。

2.放下家长的架子,尊重孩子的意见

很多父母出于各种原因,总是不希望孩子参与家里的任何事情。殊不知,孩子虽然年少,懂得也没有家长多,但他们也是家庭中的一员啊,也有表达自己的想法和欲望的权利,如果在一家人的相处过程中,孩子能获得平等的对待,那么他们的叛逆情绪就会大大降低。

既然如此,家长们何不试着让孩子参与到家庭决策中来,哪怕是用红色的碗盛米饭,还是用白色的碗盛米饭这样的事,如果让孩子参与决定,那么他就会有一种"当家做主人"的感觉,也就不那么容易和父母作对了。

我们不排除对于有些事情,孩子的想法存在不尽合理之处。对此,家长也要让孩子说完,然后再帮他指出不足之处。这样一来,孩子就会感受到自己是被尊重、被重视的,也就不会再故意和大人处处对着干了。

3.教孩子懂得换位思考

处于叛逆期的孩子,由于有了自己的想法和观点,他们往往会主观地认为家长是错误的,自己才是正确的。这时候,家长可以让孩子学会换位思考,让他站在家长的位置考虑一下,如果当下的问题摆在面前,作为"家长"的他,会怎么来处理?当孩子站在家长的角度考虑问题时,很多问题或许就容易解决得多了。

孩子打架，你会科学地引导吗

　　鑫鑫的妈妈最近发现儿子的攻击性行为越来越多，不免担心起来，主要担心他这样会不被别人喜欢，交不到朋友。

　　可以说，鑫鑫妈妈的担忧不无道理，因为的确没有人喜欢一个充满"暴力"的小霸王。除了不希望自己的孩子爱打架，家长们也不希望自己的孩子周围有这样的"暴力分子"，因为那样自己的孩子就会时常处于一种危险状况，说不定哪天就被人家给"收拾"了。

　　孩子们爱打架几乎是普遍现象，这让家长们无比头痛，大家都搞不明白，为什么孩子不能友好相处，非得用打架来解决问题呢？

　　2011年11月5日，太原市某小学的两位同学因为争抢"暖宝宝"大打出手，导致其中一个孩子耳部受伤。

　　这两个孩子一个叫澄澄，另一个叫翔翔。两人不但是同班同学，而且还是同住一个小区的邻居。由于相差无几，自然而然就成了经常在一起玩耍的小伙伴。现在，用他们两个人的妈妈的话说，就是"这两孩子从小就开始打"。的确，在上幼儿园的时候，澄澄就表现出极强的攻击性，在一两个小时的玩耍过程中，他可以发起多次攻击，用手抓翔翔的脸，抢翔翔手上的玩具，或者是翔翔站立的位置，他很快就过去给占领了。翔翔本来不是那种怯生生、反应迟钝的男孩，但是当面对澄澄的攻击，他的心里总有种害怕的感觉，见了他就想躲得远远的。

　　两年前，两个孩子都上了小学，并且分在了同一个班里。这天，由于天气忽然转冷，而又没有到供暖的时间，孩子们都感觉冻得慌。翔翔的姥姥怕孩子冻着，就在临出门前为翔翔准备了一个"暖宝宝"。

可是到了教室后,澄澄看到翔翔带了取暖设备,便上前索要。让澄澄没想到的是,平时一向"听话"的翔翔这次居然拒绝了他。更让他出乎意料的是,在他向翔翔夺"暖宝宝"的时候,翔翔伸手打了他,并探过头使劲儿咬他的耳朵,疼得他哭出声来。

停止"战斗"后,澄澄仍然觉得耳朵疼得厉害,而同学们也发现澄澄的耳朵肿胀起来。后经医生检查,由于受伤较重,澄澄的耳朵需要一段时间的治疗才可恢复。

在孩子的成长过程中,一些家长往往只注重孩子的身体健康、学习成绩,却忽略孩子心理的成长。随着年龄的增长,孩子的群体心理能力也在不断加强。慢慢地,他们会喜欢与小伙伴在一起玩,并学会用自己的玩具吸引对方,在与小伙伴共同的游戏中体会快乐。但是由于心理教育的缺失,一些孩子在不顺心的时候时常靠打架来解决,甚至以打架为乐。

正如上例中,受伤的澄澄及致使其受伤的翔翔,双方的家长都难辞其咎。如果澄澄的家长从小就教育孩子不要欺负其他的孩子,那么翔翔也就不至于如此恶狠狠地咬伤澄澄。同样,如果松松的父母懂得教育孩子学会正确处理和伙伴之间的矛盾,那么也就不会出现这样的事情。那么对于家长来说,如何让我们的孩子和小伙伴或同学和谐相处呢?

1.创造不利于打架发生的环境

环境对于人的影响之大想必人尽皆知,孩子也不例外,甚至相对于成人,他们更容易受到环境的影响。有关研究表明,那些在良好的家庭气氛中成长起来的孩子,其攻击性行为会明显少于气氛冷淡、不够和谐的环境里成长起来的孩子。

因此,家长要做到不在孩子面前讲具有攻击色彩的语言,尽量创造一个氛围和谐、温馨的家庭环境。同时,家长还应做到严格禁止孩子看有暴力镜头的电影、电视,不让孩子玩有攻击倾向的玩具等。

2.教孩子正确宣泄自己的感情

人人都有烦恼,人人都会遇到挫折,小孩子也不例外。有时候在烦恼、挫折面前无法控制,就会很容易引起攻击性行为,因此家长要教会孩子用正确的方法宣泄自己的感情,尽可能将攻击行为降到最低限度。

3.帮助孩子自我调节

成长迅速的孩子,由于兴奋与抑郁两大系统的失衡发展,会比较容易引起行为的过分冲动,使这些孩子对自己的消极行为难以自控。根据这一特点,家长要通过科学地引导帮助孩子懂得分析和调节自己的情绪,比如用转移、克制、自我暗示、自我提醒等方法,使情绪强度、表现方式都控制在有益无害的范围内。

如何帮孩子抹去幼年性侵扰的阴影

有些孩子在本该享受无忧无虑的童年快乐时,却由于受到性侵扰而让他们的心底蒙上一层厚厚的阴影。他们开始对这个原以为阳光明媚的世界产生了怀疑,甚至失望。

无疑,这样的经历剥夺了孩子们曾经的梦幻,这样的伤害也令家长们无比难过和痛恨。可是,家长们想过没有,这样的经历其实很多时候是可以避免的,关键在于我们是否对孩子进行了相关的教育,因为很多此类错误的发生都源于家长的疏忽。

那么,面对缺乏自我保护能力的孩子,家长应该怎么办呢?

颦颦是个十分漂亮的女孩,但是如今正值豆蔻年华的她却一点儿都不快乐,她也几乎从不和同龄的孩子玩耍,更不会在陌生场合逗留。

而这些,都源于颦颦8岁那年所遭受的悲惨一幕。

那是秋日的傍晚,颦颦记得当天的天气很晴朗,秋风刮起,树叶被吹到路边,她踩着路边厚厚的树叶,向村子后面自己家的果园走去。

走着走着,颦颦被路边的一处长满了葡萄的果园给吸引了。从小,颦颦就喜欢吃葡萄,可是自己的父母却从来没有种过,每年都是到集市上给她买一点儿来吃。

就在颦颦聚精会神地看一串串让她垂涎欲滴的葡萄时,一个叔叔模样的人走了过来,这人对她说:"小朋友,是不是想吃葡萄呀?"颦颦一听,高兴得很,连忙点头。

"这家的葡萄不好吃,去叔叔家的葡萄园,我给你摘去,可甜了,保准你会喜欢。"这位男子说着,就带着颦颦去了他的果园。

谁知,到了一处果园后,这个男子把颦颦放倒在他用来看果园的一处茅草屋里……

第二天,颦颦的下身红肿了起来,她小便的时候感到疼痛不已,可又不敢告诉家长,怕他们骂自己。

从那之后,颦颦再也不敢到果园去了,而且也再也不敢吃甜甜的葡萄了。童年的那次经历,让颦颦的内心深处一直蒙着厚厚的一层阴影,并时常像噩梦一般地出来侵袭她的大脑。

我们只能说,颦颦是可怜的,那个畜生一般的男子是可恶的!

有研究表明,孩子遭到性侵害后,会在很长的时间里表现出不同程度的精神症状,比如恐惧、焦虑、抑郁、暴食或厌食、不喜欢自己的身体、对身体有异样感、自尊低、行为畏缩、有攻击性行为、注意力不集中、自杀或企图自杀等。

这些词汇足以让我们提心吊胆,那么,作为家长,我们又该如何帮助孩子免除这样的伤害呢?

1.不要轻易指责孩子

如果你的孩子不幸遭受了性侵害,当他告诉你的时候,请不要指责孩子,否则会让孩子产生强烈的自责心和罪恶感。家长应该向孩子传达的是"你没有错,错在别人"。这样,才会有利于孩子摆脱心理阴影,正视自己。

2.对孩子进行心理恢复训练

如前面所述,遭受性侵害后,孩子的心理会产生强烈的情绪反应和精神症状,因此,家长应采取措施,对孩子进行必要的心理恢复和训练,以治疗孩子受伤的心灵。具体说来,家长可以给孩子讲相关的故事或者周围熟悉的人的事例,让孩子认识到,这虽然是一个令人不堪的问题,但不至于严重到自己想象的程度。

3.保护孩子的隐私

当得知孩子受到伤害的事实后,家长不要随意传播,如果不是警方要求,一定不要告诉任何人。

你对孩子的灵活应变能力知多少

家长们无不希望自己的孩子是个"机灵豆",这样的孩子往往会更招人喜欢,长大后也更有人缘和精于世故。

或许不少家长认为,孩子的应变能力是强是弱,和先天遗传是分不开的。对于这样的观点,我们并不全然否定,但是家长们更应该知道的是,灵活应变的能力和逻辑思维、想象能力等一样,都是可以通过后天的培养塑造出来的。

某网络论坛上曾有网友写过这样一个故事:

婧婧的父母因为有急事,晚上都回家很晚,这下可愁坏了 11 岁的婧婧。放学后,不知所措的婧婧坐在家门口的楼梯上苦苦等了五六个小时,如果不是被好心的邻居发现并领回家中照顾她吃饭,她很有可能就在门外待到深夜了。

当天晚上,隔壁邻居张阿姨下夜班后回到家,发现婧婧在门口坐着哭,经过一番询问才知道,原来她爸爸妈妈临时有急事回不了家。张阿姨心里正想埋怨孩子的父母,可是一看她家门上贴了一张纸条,上面写着让婧婧回来后直接去奶奶家里过夜。

婧婧说，她根本没注意那张纸条，只顾哭了。好心的张阿姨觉得太晚了，再让婧婧去奶奶家很不方便，于是就把她领到自己家里，安排食宿。

同样是孩子，同样是遇到困境，美国小孩的做法却是另一个样子。

有这样一则报道，美国一个只有 7 岁大的孩子，一次突遇大雪，并且与外界失去了通信联络。而那天，他的母亲进入迎接一个新生命的临产状态，这个孩子并没有慌张，而是成功地帮助母亲分娩了弟弟。

看完上面的两个事例，我们不难看出，一个孩子应变能力的强弱和年龄并没有直接的关系。也就是说，孩子的灵活应变能力是可以从小的时候就进行培养的。可以猜想一下，那个 7 岁大的男孩能够临危不乱地帮助妈妈分娩，恐怕不是偶然因素，很可能是他的父母在他成长的过程中对他进行了相关的教育。而 11 岁的婧婧却因为没有经过这方面的培养和训练而不具备这样的能力。作为家长，你希望自己的孩子成为哪一种应该不言自明了吧。

总之，面对纷繁复杂的生活环境，面对突如其来的事态变故，要保证孩子的健康和安全，家长在教育孩子成才的过程中，就一定要随时注重培养孩子的应变能力。只有这样，在遇到紧急情况时，孩子才能够临危不乱、沉着应对。

1.有意识地设置场景，训练孩子的应变能力

"纸上谈兵"或者口头上的教育往往不够生动，自然也就达不到良好的教育效果，因此，家长可以利用现有的条件，有意识地为孩子制造一些"突发事件"，来训练孩子的应变能力。比如，父母去上班了，只有孩子一个人在家，这时候突然有人敲门，怎么办？或者只有孩子和年迈的奶奶在家，奶奶突发重病，孩子该怎么处理？或者忽然停电了，孩子该怎样去点蜡烛、打开手电筒？或者遇到陌生人问路，怎么样才能避免被骗……

当孩子经受过一番类似的训练，那么当他真的遇到紧急情况的时候，才会灵活应对，不慌张、不莽撞。

2.通过实践来培养孩子的应变能力

伟人说："实践是检验真理的唯一标准。"这一理论用到培养孩子的应变能力方面同样适合。家长可以让孩子多参加富有挑战性的活动,比如爬山、探险、野营等。通过这些实践活动中,孩子很可能会遇到各种各样的问题和困难。这时候,家长不要伸出你的"上帝之手",而是尽量让孩子自己去解决。要知道,孩子解决问题的过程,也正是培养其应变能力的过程。

3.灵活应变,不能培养"小滑头"

我们提倡对孩子应变能力的培养,主要目的是为了培养孩子在一些突发状况面前的应对能力,而绝非是为了培养一个"小滑头",因为应变是为了更好地保护自己,而不是教孩子去说谎,去欺骗他人,因此,家长们在培养孩子灵活应变能力的时候,要注意与撒谎、欺骗区分开来。

需要引起家长重视的自杀问题

某教育研究机构曾做过一项关于孩子自杀心理的调查,在接受调查的2500多名中小学生中,居然有5.85%的孩子曾有过自杀计划,其中自杀未遂者达到1.71%。

这一数字不能不让家长们备感惊讶:100个孩子中居然就会有6个孩子试图自杀!

面对如此令人咋舌的数据,作为家长,我们是不是应该反思,我们的孩子为什么变得如此脆弱?面对孩子的自杀心理和行为,我们应该怎么办呢?

2010年6月的一天,一位妈妈用几乎哭泣的口气哀求着一位小学六年级学生的班主任:"李老师,快来帮帮我们吧,我儿子刘嘉天要'寻短见'了!"

妈妈的话让李老师的心里一阵紧张,但还是静下心来问:"您先别着急,慢慢说,到底发生了什么事?"

原来,刘嘉天这次期末考试的数学成绩只有58分,这让平时成绩不错并且身为副班长的他很难接受，一个劲儿地伤心流泪，怨恨自己。面对来自同学、家庭的无形压力，刘嘉天的心理实在难以承受那份耻辱，感到无脸见人，于是写了一封"遗书"，幸好爸爸及时发现，否则……

万般无奈，刘嘉天的妈妈找到了班主任李老师，希望李老师帮忙对儿子进行心理疏导，让儿子重新振作起来。

听了这一消息，李老师的心悬了起来，他想不到这种有自杀心理的学生会在自己身边出现。他温和地对刘嘉天的妈妈说："您先别着急，我跟他聊聊。我也知道，这孩子品学兼优，就是有点儿耐不了挫折。我想可能和他从小没有养成耐挫能力有关。"刘嘉天妈妈说："哎……其实都怪我，由于三十好几我们才有这么个儿子，就一直对他娇生惯养的，什么都依着他，不敢让他承受一丁点儿挫折，才导致他现在这样。"

李老师听完，安抚刘嘉天的妈妈说："现在培养孩子的耐挫能力虽然有一定的难度，但是我们只要多想想办法，应该还是有作用的。您看，在以后的日子里，作为家长，您是否能适当地让孩子承受一点挫折？比如别总是夸赞他，偶尔也对他批评一下。当然，批评要适度，别太强硬了。"刘嘉天的妈妈点头应允。

之后，李老师找到刘嘉天，语重心长地说："一次考试成绩的好坏只能说明这个阶段学习得如何，你的底子很不错，这次可能是把精力放到别的科目上多了些，也可能是发挥得不理想，但是都没关系，只要你以后认真些，肯定还能像以前那样赢得'满堂彩'的。想想看，那些不如你的同学，人家不也快快乐乐的吗？要是大家一有不如意就'寻短见'，那地球上估计没几个人能活下来……"

李老师的一席话使刘嘉天露出了轻松的笑容，并且备受鼓舞。自此后，他一改委靡消沉的状态，很快，刘嘉天重新回归到"强者"的队伍，成绩跃居年级前三。小学升初中的时候，他的成绩名列全校第一。

看完上面的事例，很多家长可能认为刘嘉天企图走上不归路的罪魁祸首是糟糕的分数。但我们可以思考一下，一次考试成绩不理想，就让一个孩子走上不归路,这个孩子的抗挫折能力实在是太差了。而这种抗挫能力不强的根源真的是孩子吗?家长有没有责任呢?

原来,刘嘉天从小就是一个被家长严格要求的孩子,比如学钢琴的时候,别的孩子在一节课快结束的时候,老师都会带着他们唱两首歌,以让孩子放松一下紧张的神经,而刘嘉天的妈妈却直接告诉老师,他们满堂课都要学琴,而不要唱歌。再比如,孩子们学游泳的时候,其他的孩子都可以嬉戏打闹,而刘嘉天却总是中规中矩,不敢"越雷池一步"。同学们问他为什么不玩,他回答说是"家长付钱是让我来学游泳的,而不是玩的"。

从这些情况看,致使刘嘉天准备自杀的根源不在于这一次考试,而是他的家长。因此,对于家长来说,为了让自己的孩子能够健康、健全地成长,而不至于试图走上自杀的不归路,那么就要从根源上阻断孩子的这一想法。

1.不要给孩子太多压力

受社会竞争的影响,家长们对于孩子的要求越来越高,这无形中给孩子带来了巨大的压力。很多家庭中,父母总是希望孩子能好好学习,考出好成绩,上个好大学,将来好出人头地、光宗耀祖。殊不知,正是家长这种一相情愿的想法,让孩子迷失了自己的同时,又背负了沉重的压力。当难以承受的时候,他们就会走上自杀之路。

2.不要溺爱孩子

尽管大多数家长都认为溺爱对孩子成长不利,但是具体到和孩子相处的过程中,很多家长又都无法克制自己不去溺爱。例如,家长将孩子除学习之外的一切"杂务"统统包揽,孩子说一,自己不说二,孩子要什么给什么,恨不得要星星月亮家长都到天上摘去。事实上,这种无原则的溺爱不仅导致孩子越来越有依赖性,而且也让孩子变得任性、自私、脆弱、耐受挫能力差。

这样的教育环境塑造出来的孩子,在其无法承受挫折时,会选择自杀以寻求解脱。

3.多与孩子沟通,了解他们的内心世界

有时候,孩子也会像大人一样,会一时想不开,并为此过度地焦虑。这时,他们的内心会很渴望有人为自己分担一些痛苦,于是他们会选择对父母吐露心事,希望得到父母的支持和鼓励,所以,千万不要因为你的忙碌而忽略了孩子渴望被聆听的需要,也许你关上耳朵一次,孩子的心门就永远不再为你打开了。另外,在和孩子交流的过程中,不要在孩子失败的时候就对其毫不留情地、随心所欲地指责或者打骂,这样会让孩子感受不到人格的平等,自尊心较强而心理脆弱的孩子就难以承受,容易"想不开"。